헉!
40대
초짜
부모

헉! 40대 초짜 부모

3040 엄마아빠의

초보 탈출기

☆ 최정은 · 이형기 지음 ☆

한문화

오프닝

이형기

최정은

편집자 주 이 코너는 팟캐스트 〈헉! 40대 초짜 부모〉 일부를 재구성한 것입니다. 팟캐스트나 포털사이트 구글에서 〈헉! 40대 초짜 부모〉를 검색하면 전편을 들을 수 있습니다.

주위를 보면 이제 갓 부모가 된 사람들이 많습니다. 그중에 40대도 적지 않고요. 대개 이런저런 이유로 '결혼 적령기'를 넘기고, 조금 늦게 결혼해 아이를 낳는 경우입니다. 40대, 개인으로 보나 사회로 보나 어느 정도 안정적인 위치에 놓인 때에 부모가 된다는 것은 정말 큰 용기와 결단이 필요한 일입니다. 그런 사람들의 임신과 출산 이야기. 헉! 40대 초짜 부모.

불안하고 초조할 미래의 엄마들에게

마흔두 살에 첫아이를 낳았다. 새로운 일을 시작하기에 적지 않은, 아이를 낳기에는 꽤 많은 나이였다.

하나의 생명을 만들어내는 것은 부부의 의지대로 이루어지는 일이 아니었다. 특히 나 같은 '고령 산모'는 더더욱 그랬다. 몇 번 노력하면 되겠지 했던 안일한 마음은 곧 불안과 초조함으로 바뀌었다. 거들떠보지도 않던 병원에 다니기 시작했고, 끊었던 운동을 재개했다. 남편과의 잠자리는 즐거움이 아니라 의무가 되었다. 생리가 시작되는 날에는 우울해지지 않으려고 노력했다. 이렇게까지 했는데도 안 되면 어쩌나 밤낮 전전긍긍이었다.

그러다 문득, 내가 왜 이래야 하지 싶었다. 귀여운 아기가 태어나는 것, 부부만 있던 집에 새 가족을 들이는 일이 왜 이토록 끔찍하고 힘겹게 느껴질까.

의학적으로 만 35세 이상 여성은 고령 산모로 분류한다. 고령 산모는 임신과 출산의 전 과정에서 젊은 산모보다 배 이상 어려움을 겪는다. 나 같은 고령 산모들은 이런 통계만으로도 벌써 기가 죽는다. 하지만 잘 살펴보라. 통계는 '어렵다'고 했지 '안 된다'고 하지 않았다. 어렵고, 괴롭고, 초조한 것은 내 마음이지 실제 상황이 아니다. 또한 통계는 보편적인 현상을 말해줄 뿐, 개개인의 특수성을 포함하지는 않는다. 똑같은 고령임신이라도 사람마다 과정과 예후는 얼마든지 달라지는 것이다.

관점을 달리하니 마음이 한결 편해졌다. 계획임신의 지난한 과정도 견딜 만한 일로 여겨졌다. 그럼에도 막상 임신을 했을 때 두렵고 당황스러운 일이 한두 가지가 아니었다. 나이가 많다는 이유로 받아야 할 검사도 많았고, 잘 알지 못하는 일에 결단을 내려야 하는 경우도 무수했다. 그때마다 책을 뒤적이고 인터넷으로 자료를 검색하며 최선의 답을 찾았지만, 원하는 내용이 없을 때도 많았고, 가슴속 깊이 묻어둔 불안까지 해소해주지는 못했다.

그즈음 비슷한 처지에 있던 절친한 친구 이형기 감독과 자주 만났다. 노산의 어려움과 공포, 혹은 대처법에 대해 시간 가는 줄 모르고 수다를 떨었다. 아내의 입장에서 또 남편의 입장에서. 그러다 기왕 수다 떠는 거 우리처럼 몸은 늙었지, 정보는 없지, 난감함에 쩔쩔 매는 40대 초짜 부모의 심정을 한번 대변해보자고 뜻을 모았다. 〈헉! 40대 초짜 부모〉 팟캐스트는 이렇게 시작되었다.

팟캐스트를 진행하면서 많은 사연을 접했다. 하나하나 남일 같지가 않았다. 나를 비롯해 수많은 여성들이 공부하고 일하느라 서른을 훌쩍 넘어 결혼을 하고 아기를 낳는다. 그런데 그 과정에서 겪어야 하는 설움과 공포가 어마어마하다. '고령 산모'라는 딱지는 기본이다. 노산이면 아기 두뇌가 어쩌네, 기형아일 확률이 어떠네 하면서 겁을 주거나, 난임의 원인을 모두 여성에게 돌리는 일이 부지기수다. 자랄 때는 당당한 여성이 되라고 부추겼던 세상이, 이제 와서 재생산에 부적합하다며 겁박하고 질책하는 아이러니라니.

이런 당혹스러운 상황에 대해, 나는 전문가라기보다는 똑같이 무지한 고령 산모로서 어떻게 느끼고, 고민하고, 대응했는지를 이야기했다. 항상 옳은 결정을 내렸다고 자신할 수는 없지만 해보면 별거 아니라고, 용기를 갖고 실행하라고, 차근차근 하나씩 해가다 보면 예쁜 아이를 얻게 될 거라고 말했다. 나만큼 늦게 아기를 가진, 혹은 갖게 될 미래의 동지들에게 내 경험담이 도움이 되길 바라는 간절한 마음으로.

그 간절함이 통했던지 팟캐스트를 듣고 출판사에서 연락이 왔다. 처음 연락을 받았을 때는 우리가 나름 선전했구나 싶어서 정말 기쁘고 뿌듯했다. 하지만 책을 내자고 결정하기까지는 좀 많이 망설였다. 나는 글보다는 말에 익숙한 사람이고, 말하기보다는 조용히 있는 게 쉬운 사람이다. 그런데 책 한 권을 통째로

써야 한다니, 생각만 해도 아찔했다.

개인사를 불특정 다수에게 털어놓아야 한다는 것도 부담스러웠다. 가족과 친지들에게 알리지 않은 내용도 있었고, 가까운 사람들에게 혹여 상처가 될까 봐 염려되었다. 그러면서도 욕심을 내본 건 나와 비슷한 산모들에게 부족하나마 작은 도움이라도 주고 싶었기 때문이다. 아울러 우리 아이들에게 의미 있는 선물이 될 수도 있지 않을까 하는 생각도 들었다.

지금 옆에 누워 새근새근 잠자는 아이를 본다. 몸과 마음에 스민 내 모든 관성을 깨트리고, 마흔에 새로이 성장할 수 있도록 해준 기적 같은 아이. 아이를 낳기 전까지의 내 삶도 자랑스럽고 만족스러웠지만, 지금과는 비교할 수 없다. 아이와 함께 나는 정말 행복하다.

아이를 얻기까지 분명 쉽지 않았다. 하지만 나이가 많은데도 아이를 가질 수 있을까 걱정하는 예비 초짜 부모에게 감히 말하고 싶다.

"고민하는 시간에 일단 갖기 위해 노력하세요. 고민을 아무리 해도 시기만 늦어지지 달라지는 것은 없답니다. 아기는 인생이 우리에게 주는 최고의 선물이에요."

최정은·이형기

차례

키워드 찾아보기

1장

결혼
그리고
신혼

이형기 .... 최정은 ....

최정은: 우리나라는 삶의 루트가 정해져 있죠. 졸업하면 취업하고, 취업하면
결혼하고, 결혼하면 자연스럽게 아이 낳고……. 저는 취업을 제외한
나머지 과정이 조금 늦었어요. 서른여섯에 결혼을 했습니다. 결혼하
자마자 주변에서 애부터 낳으라고 했지만 별 생각이 없었어요. 현실
적으로도 어려웠고요. 어머니가 아프셔서 병간호를 해야 했고, 아이
생각도 간절하지 않았죠. 사회생활을 해야 하니 아이를 낳아도 맡길
사람도 없었고요. 주변의 걱정도 한 귀로 듣고 흘렸어요. 그런데 몇
년 후 결정할 시기가 오더군요. 안 낳는 건 상관없지만 낳고 싶으면
나중에 못 가질 수도 있겠다는 생각이 들었어요. 후회라기보다 더 늦

출 수 없다는 생각이 들었어요.

이형기: 두려우셨군요.

최정은: 잘 모르겠어요. 다만 나이 먹고 초산을 준비해야 한다는 게 큰 부담
이 되더라고요. 그전부터 관심을 가진 것도 아니고. 여러 가지 고민
을 많이 했습니다. 경험도 없고, 아는 건 더 없고요. 모든 게 굉장히
낯설고 어렵게 느껴지더라고요. 나이부터 초고위험군에 들어가서 체
력도 달리는데다 일을 놓기도 쉽지 않았죠.

이형기: 저는 서른아홉에 아빠가 됐는데 반올림하면 40대죠. 저도 일부러 애
를 늦게 가진 건 아니었어요. 헌데 시간이 흐르니 아이한테 왠지 미
안한 생각이 들더군요. 제가 형제들이 많은 편이라 그런지 외동인 우
리 애가 안쓰러워 보였어요. 부모야 하나가 키우기 편하겠지만 아이
는 외로울 것 같더라고요. 부모가 친구 역할을 하는 것도 한계가 있
고, 형제가 있으면 서로 의지가 되지 않을까 싶어서, 마흔다섯인 아
내 입장에서는 힘들겠지만 둘째를 갖기로 합의했죠. 그런데 늦은 나
이에 애를 낳으니 장점도 있어요. 어떤 여유라는 게 생기더라고요.
예를 들면 아이가 사고를 쳐도 욱하기보다 '그럴 수 있지'라는 생각
이 들더라고요.

최정은: 혼낼 체력이 안 되는 건 아니고요?

이형기: 부인할 수 없네요(웃음). 어쨌든 연륜이 쌓이니 아이를 좀 더 여유 있
게 대하게 되더라고요. 나이가 들어 부모가 되기로 마음을 먹었다면

결혼 그리고 신혼

부모로서 우리가 생각해야 될 게 많다고 봐요. 철이 든다고 해야 할까. 부모님을 보는 관점도 달라져요.

또 하나 말하고 싶은 게, 아직도 많은 남자들이 임신과 출산을 전적으로 여자들에게 맡깁니다. 하지만 임신과 출산은 절대 여자만의 영역이 아닙니다. 저는 임신과 출산 때 남편들의 역할에 대해서도 얘기를 하고 싶어요.

임신 초반, 하던 일을 잠시 접고 집에서 안정을 취하던 때였다. 어느 날 초인종이 울려 나가보니 윗집 아저씨가 상자 하나를 들고 문 앞에 서 있었다. 호수를 잘못 읽어 위층으로 배달된 우리 집 택배였다. 감사한 마음으로 물건을 받고 돌아서려는데, 아저씨가 갑자기 내 나이를 물어 세웠다. 마흔둘이라고 대답하자 '역시' 하는 표정으로 하는 말이, 얼마 전 당신 친구들에게 내 이야기를 했단다. 아랫집 여자가 40대 초반인 것 같은데 임신을 했다고, 정말 대단하지 않느냐고. 그러면서 나에게 덕담이랍시고 툭, 한마디를 던졌다.

"손자 키우는 셈 치면서 재미있게 살아요."

손자라니, 참 나……. 여성의 학력과 경제력이 증가하고 초혼 연령이 계속 높아지는 요즘 세상에, '쉰둥이'라면 몰라도 '마흔둥이'쯤은 흔한 일이 되었다는 걸 모르시나. 입맛이 썼지만, 어쨌거나 내가 의학적으로 '고령 산모'라는 것은 부정할 수 없는 사실이었다.

어쩌다 보니 결혼이 늦었다

나는 왜 고령 산모가 되었나. 무엇보다 결혼이 늦었기 때문이다. 그럼 결혼은 왜 늦었나. 사실 딱히 이렇다 할 이유는 없다. 20대 중반부터 30대 초반, 이른바 '결혼 적령기'에는 결혼하고 싶은 '운명의 상대'가 없었다. 대단히 눈이 높고 까다로웠던 것도, 독신주의를 주장할 만큼 확고한 가치관이 있었던 것도 아니었는데 말이다. 그저 열심히 살았고, 그러는 사이 세월이 흘렀을 뿐이다. 굳이 원인을 찾자면 결혼에 대한 환상이 없었다고나 할까. 두 사람이 알콩달콩 만드는 장밋빛 미래 같은 건 철없을 적에도 꿈꿔 보지 않았다.

일도 바빴고, 혼자만의 생활도 재미있었다. 가끔씩 하는 연애는 즐거운 활력이 되었다. 그런 와중에 일찍 결혼한 친구들의 '애환'을 들을라치면 막연한 두려움이 밀려왔다. 과연 내가 직장인으로, 아내로, 며느리로, 딸로, 엄마로, 그리고 나 자신으로 살아갈 수 있을까. 이 모든 걸 척척 해내는 '슈퍼우먼'이 될 수 있을까. 지금의 안정적인 생활 대신 굳이 어려운 길을 선택할 필요가 있을까……. 나에게 결혼은 받긴 받아야겠는데, 가능한 한 미루고 싶은 산부인과 진료와 같았다.

　　그렇게 어영부영 서른이 되었다. 해가 지날수록 싱글로 살아가는 게 점점 어려워졌다. 그중 가장 괴로웠던 것은 과년한 딸을 바라보는 부모님의 걱정 어린 시선이었다. 내가 방문을 열고 (조심스럽게) 나올 때마다 아빠는 임무를 끝내지 못한 슈퍼히어로마냥 굳은 얼굴로 한숨을 쏟아내곤 했다. 우물쭈물하는 사이 영영 결혼을 못할지 모른다는 은밀한 불안감도 무시하기 힘들었다. 30대 중반을 넘기면 어느 순간 훅 마흔이 되기 마련인데, 한국 사회에서 여자 나이 마흔은 '돌싱남'과 맞선을 보거나 '이번 생은 틀렸어' 자포자기해야 하는 나이다. 무관심과 죄책감과 불안 사이에서 갈팡질팡하던 나는, 결국 서른여섯 살에야 타협을 볼 수 있었다.

결혼과 함께 임신했다 해도 노산

고령임신 시기　　Q

인생을 꼼꼼하게 계획하고 목적에 맞게 행동하며 사는 사람들이 있다. 사회가 정한 때에 딱딱 맞춰서 학교도 가고 결혼도 하고 아이도 낳는, 한마디로 모범생들이다. 그에 반해 나는 흘러가는 대로 맡겨두는 유형이다. 좋게 말해 순리대로 산다고나 할까. 그렇다고 느긋하고 태평한 성격도 아니다. 결국 남들과 똑같이 할 거면서 사전에 고민만 많은, 효율이 엄청 떨어지는 스타일이다. 그러다 보니 정작 때를 놓치고 허둥거리는 일이 많았다. 결혼과 임신도 그랬다.

의학적으로는 보통 만 35세 이상부터 노산, 즉 고령임신으로 분류한다. 고령임신은 임신도 어렵고, 한다 해도 만성 고혈압, 임신성 고혈압, 임신성 당뇨 등 여러 합병증이 발생할 가능성이 높아서 고위험군에 속한다. 서른여섯에 결혼한 나는 당장 임신을 한대도 이미 고령 산모였던 것이다(이 사실도 결혼하고서야 알았다). 그럼에도 곧장 아이를 갖지 않았다. 어차피 노산인데 아등바등할 필요가 뭐 있나 싶었다. 부부가 사랑하다가 자연스럽게 생기면 낳는 거지, 유난 떨지 말자 했다. 돌이켜보면 단순하고 어린 생각이었다. 결혼생활에 자녀가 포함돼 있다면 하루라도 빨리 낳았어야 했다. 시간은 내 편이 아니고, 미래는 불확실하며, 상황은 언제 급변할지 모르기 때문이다.

남편과 나는 동갑내기 커플로, 처음부터 죽이 잘 맞았다. 그럼에도 신혼 초에는 다들 그렇듯이 서로 다른 생활습관과 가치관을 조율하느라 정신이 없었다. 어떤 날은 세상에 둘도 없는 사이처럼 친밀하다가도, 어떤 날은 사소한 일에 목숨을 걸고 티격태격했다. 그야말로 '전쟁 같은 사랑'. 하지만 이런 날이 오래가지는 않았다. '결혼생활의 진리' 같은 걸 터득해서가 아니라, 친정엄마가 암 진단을 받았기 때문이었다. 대장암 3기. 하늘이

결혼 그리고 신혼

무너지는 것 같다는 표현은 결코 과장이 아니었다.

나는 엄마를 치유하기 위해 최선을 다했다. 남동생 둘이 멀리 사는 까닭에, 1년 동안 혼자 병원에서 출퇴근하며 보살폈다. 덕분에 엄마의 건강은 좋아졌지만, 정작 내 몸 상태가 말이 아니었다. 만신창이가 된 몸을 회복하는 데 다시 1년. 폭풍처럼 휘몰아친 사건사고를 수습하고 나니 어느덧 신혼은 끝나 있었고, 결혼생활은 4년차에 접어들었으며, 오지랖 넓은 사람들이 하나둘 당연한 듯 물어오기 시작했다.

"그래서 애는 언제 낳을 거니? 혹시 둘 중에 누가, 어디에 문제 있니?"

일과 육아라는 평행우주

우리 사회에서 여성이 아기를 갖는 데 가장 큰 걸림돌을 꼽는다면 아마 직장일 것이다. 얼마 전 임신한 여성을 해고해서 뉴스 사회면을 뜨겁게 달군 모 주류회사는 매우 극단적인 경우지만, 실제로 많은 회사들이 임신한 여성을 달가워하지 않는다. 힘든 일을 시킬 수 없어 마음에 안 든다는 티를 노골적으로 내는가 하면, 다른 사람에게 제 일을 미루고 팀워크를 해친다면서 불만을 토로하기도 한다. 솔직히 나도 싱글 때는 출산휴가니 육아휴직이니 하는 이들을 보면서 "도대체 회사를 다니겠다는 거야 말겠다는 거야"라며 툴툴대곤 했다. 이런 분위기에서 출산·육아 유급휴가는 고사하고 무급휴가도 언감생심이다.

　호의적이지 않기로는 사회도 만만치 않다. 저출산이 문제라면서도 임신한 여성에 대한 배려는 거의 찾아볼 수 없다. 버스와 지하철에 '임산부 배려석'이 생겼지만, 그나마도 잘 지켜지는 것 같지 않다. 자리 양보는 고사하고, 출퇴근 시간에 부푼 몸 때문에 눈총이나 받지 않으면 다행이다. 임신한 여성에게는 욕먹는 워킹맘이냐 전업주부냐, 양자택일밖에 없는 것이다.

　하지만 결혼 전까지 일을 한 여성이라면 전업주부를 선택하기가 쉽지 않다. 특히 만혼 여성은 고생고생 하며 쌓아온 커리어를 이제 와 포기한다는 게 너무 아깝다. 일도 어느 정도 이력이 붙었고 성취감도 높다. 아이가 클 때까지 경제적인 곤란을 겪지 않으려면 벌 수 있을 때 돈도 많이 벌어놔야 한다. 그렇다고 워킹맘을 택하자니, 나 같은 경우는 정말이지 답이 안 나왔다. 무거운 몸을 안고 출퇴근하는 것, 유산할 위험을 감수하는 것(고령산모는 피곤하거나 스트레스를 받으면 유산할 위험이 매우 높아진다), 동료들의 곱지 않은 시선을 감내하는 것, 중요한 프로젝트와 승진 및 포상에서 열외로 취급받는 것까지는 그렇다고 치자. 아이를 낳으면 대체 누가 길러줄 것인가. 친정엄마는 이제 막 항암치료를 마쳤고, 시댁은 차로만 여섯 시간이 걸리는 남쪽 끝에 있었다. 가족이고 친척이고 도움을 기대할 만한 데가 어디도 없는 것이다. 베이비시터도 생각해봤지만, 믿을 만한 사람을 구하기가 힘들뿐더러 비용도 만만치 않았다. 이것이 내가 임신을 망설인 가장 큰 이유였다. 하지만…….

나중에 출산한 뒤 내 옆에 누워 옹알이하는 아기를 보며 이런 생각을 했다. 지금 안 나오는 답이라면 시간이 지나도 나오지 않는다. 안 낳을 거면 모를까 기왕 낳기로 결심했다면, 해답 없는 일에 시간을 소모하기보다는 하루라도 빨리 행동에 돌입하는 게 차라리 현명할지 모른다.

2장

임신
준비기

이형기: 이번에는 임신에 대한 이야기를 나눠보죠.

최정은: 우리 부부가 아이를 갖기로 결심하고 처음 병원에 갔을 때였어요. 나
이가 많아 고위험 산모로 분류됐죠. 병원에 간다고 해서 아이가 바로
생기는 건 아니었어요. 결국 병원을 네 번이나 바꿨어요. 나름 노력
을 한 거죠. (…) 한 번 발을 들이면 그 스케줄을 따라가게 돼 있어요.
시간이 많지 않다는 걸 알고 의사들도 서둘러요. 그런 제안을 거절하
기가 쉽지 않죠. 그렇게 몇 번 하다 보면 시간이 금방 가요. 이 과정
에서 여자가 짊어질 짐이 굉장히 많다는 걸 느꼈어요. 진짜 고생이라

는 고생은 다해요.

이형기: 우리 집의 경우 자궁 검사를 했는데 이상이 없다고 나와서 병원을 자주 다니진 않았어요. 대신 몸을 다져보자는 마음으로 한의원에서 보약을 지어 먹었어요. 뭔가 하나라도 더 붙잡는 심정으로.

최정은: 사전 지식이 없다 보니 확실히 힘들었어요. 고령 산모일 경우 위험부담도 더 크고요. 의사들에게 물어보면 개략적인 답은 해줬지만, 산모의 체질, 연령 등 개개인의 상황에 따라 다르다는 말을 꼭 덧붙이니까 병원 기준을 무턱대고 따르기도 쉽지 않더라고요. 산모 스스로 공부하고 적응할 필요가 있어요.

이형기: 동의해요. 병원을 가면 의사들은 가이드만 정해줄 뿐 결국 판단은 본인의 몫이더라고요. 의사의 조언과 함께 임산부들도 자신의 몸을 위해 공부하고 노력해야 합니다. 남편은 최선을 다해 아내를 도와야 합니다. 단순한 서포터가 아니라 주체로 말입니다.

결혼 전까지 임신은 굉장히 쉬운 일인 줄 알았다. '원 나이트 스탠드'로 아이가 생기는 설정에서 출발한 영화나 드라마가 너무 많아서인지 '성관계=임신'이라는 공식이 자연스럽게 머릿속에 박혀 있었던 것 같다. 하지만 드라마가 괜히 드라마고, 영화가 괜히 영화겠는가. 마흔 넘어서의 임신은 그렇게 수월한 게 아니었다. 아니, 어쩌면 간절함이 컸던 만큼 더 어렵게 느껴졌는지도 모르겠다. 이런저런 고민 끝에 아기를 갖기로 결심했으나, 한동안은 무슨 짓을 해도 임신이 되지 않았다. 하지만 내가 정말 아이를 가질 수 있을까? 아이가 건강하게 들어설까? 같은 걱정은 하지 않았다. 그냥 어떻게 되겠지라는 생각이 더 컸던 것 같다.

주변의 걱정과 스트레스

결혼 전 "대체 언제 결혼할거냐"는 질문 공세에 시달릴 때는, 결혼만 하면 모든 문제가 다 해결될 줄 알았다. 하지만 웬걸, 결혼을 하고 나니 "대체 언제 아이를 낳을 거냐"는 새로운 질문이 기다리고 있었다. 회사건, 가족이건, 친구들 모임이건 마찬가지였다. 처음에는 '학업, 취업, 결혼, 출산을 마치 당연한 통과의례처럼 거치는 삶이 과연 마땅한 것인가' 하는 의문이 들었다. 하지만 마땅치 않다고 한들 남들과 다른 삶을 선택할 배짱이 없었던 나는, 곧 의문은 접어두고 답을 마련하는 데 분주해졌다.

　　주변에선 혹시 피임하는 것 아니냐, 둘 중에 누가 문제가 있는 건 아니냐, 병원에서 검사는 받아봤느냐 등등 내밀한 질문을 거침없이 해왔다. 용한 병원이 있는데 한번 가보라는 둥, 애서는 데 좋은 한약을 먹어보라는 둥 '괴력난신 돋는' 조언도 난무했다. 초반에는 이것도 관심이려니 하면서 일일이 진심으로 듣고 대답했지만, 점점 이건 아니다 싶어서 어느 시점부터는 한 귀로 듣고 한 귀로 흘렸다.

　　아이가 생기지 않을 때 가장 힘든 사람은 누가 뭐래도 당사자들이다. 결혼 5년차 지인 부부만 하더라도, 아이를 갖지 못해 받는 스트레스가 매우 심했다. 버려진 임신테스터기만 60여개. 불임클리닉을 다니면서 두 달에 한 번씩 총 세 번 인공수정을 시도했지만 모두 실패했고, 서로를 탓하다가 이혼 직전까지 갔다. 아기 소식만 기다리는 주위의 시선과, 모른 척 눈치 보는 암묵적인 집안 분위기가 지긋지긋했단다. 그 심정이 어떨지 조금이라도 헤아려진다면, 제발 쓸데없는 오지랖은 깊숙이 넣어두시길.

안 될수록 릴랙스, 릴랙스

난임의 정의   Q

앞서 말했듯이, 나는 마음만 먹으면 임신이 될 줄 알았다. 조금만 노력하면 금방 생기지 않겠나 싶었다. 하지만 나이를 정말 무시할 수 없는 것인지, 아기가 뚝딱 들어서지 않았다. 그런 일이 몇 번 반복되고 나니 슬쩍 걱정이 되었다. 전에는 주변의 질문이 스트레스였는데, 이제는 아기가 생기지 않는 것이 스트레스였다. 남들처럼 산부인과에 가서 배란일이라도 맞춰 준비를 해야 하나. 잔뜩 기대하다가 생리를 시작하면 기분이 우울해지고, 내 몸에 무슨 문제라도 있는 건지 신경 쓰이기 시작했다.

오늘날 세계는 개발이라는 이름 아래 환경을 파괴하거나 오염시키고 있고, 기업은 자기계발이라는 이름 아래 개인의 무한 경쟁과 스트레스를 강요하고 있다. 우리를 둘러싼 크고 작은 문제들이 모두 여기에서 비롯되었다고 해도 과언이 아니다. 임신도 그런 문제들 중 하나일까. '9 to 6'로 구획된 빡빡한 일상, 밤낮

없이 계속되는 일과와 그로 인해 불규칙해진 생활, 컴퓨터에 매달리는 사이 쇠약해진 체력이 임신을 날이 갈수록 어렵게 만드는 것일까. 당장 내 주변만 봐도, 피임하지 않고 정상적으로 부부관계를 하는데 1년 이상(만혼부부는 6개월 이상) 임신이 지연되는 난임부부가 점점 늘고 있다. 이들의 공통점은 정확한 원인이 없는데도 난임이 계속된다는 것이다. 의사들이 할 수 있는 것도 스트레스를 줄이고 마음을 편히 가지라는 말뿐이다. 차라리 정확한 원인이 있다면 치료도 쉽겠지만, 그게 아니니 대처할 길이 전무한 것이다.

　　나도 마찬가지였다. 임신이 안 돼 병원에 갔지만 자궁이고 난소고 나팔관이고 별 문제가 없었다. 남편도 40대다 보니 20대에 비해 정자의 단위당 개체 수와 활동성이 떨어지긴 했지만, 평균치 안에는 들었다(남성은 1밀리리터당 정자 수와 활동성을 살피는데, 정자 수가 현저히 부족하거나 활동성이 떨어지는 경우, 무정자증이나 기형인 경우 난임의 원인이 된다). 결과적으로 두 사람 다 아무 문제가 없었다. 계속 노력하면서 기다리는 것 외에는 별다른 방법이 없다는 뜻이다.

　　만약 몸이 문제라면 임신하기 좋은 몸을 만들면 된다. 정자의 활동성이 떨어진다면 인공수정을 하면 된다. 그런데 아무 문제가 없다면? 그냥 시간 싸움이다. 마음 편히 먹고 기다리는 수밖에 없다는 이야기다. 하지만 그 기다림이 못 견디게 힘들고 괴롭다면 불임클리닉이라도 다니면서 심리적 안정을 찾으라고 권하고 싶다. 임신의 가장 큰 적은 스트레스이기 때문이다. 마음이 아니라 일이나 관계 등 외부요인으로 스트레스를 받는다면 어떻게든 관리·통제해야 한다. 나도 예민한 성격이라 스트레스에 민감한 편인데, 무방비로 대처했다가 유산을 한 아린 경험이 있다. 이 일은 뒤에서 따로 이야기하겠다.

천성적으로 스트레스를 잘 받지 않는 성격이면 다행이지만, 그렇지 않다면 스트레스 상황에 놓이지 않도록 철벽방어를 해야 한다. 요가, 명상, 컬러링북 칠하기,《수학의 정석》풀기, 뜨개질, 뭐가 됐든 자신만의 방법으로 느긋하고 편한 마음을 갖도록 노력하자.

예비엄마의 몸 만들기

일반적으로 고령 산모는 체력이 많이 떨어지기 때문에 건강에 각별히 신경을 써야 한다. 나 같은 경우, 결혼 전에는 이런저런 운동을 많이 했다. 하지만 결혼 후에는 일하랴 살림하랴 정신이 없었고, 여러 상황이 겹치면서 운동을 진혀 할 수 없게 되었다. 그렇게 한 번 늘어진 생활습관을 되돌리기란 여간 어려운 게 아니었다. 쉬는 날에도 집에 누워 있을 뿐, 밖에 나가 뭔가 해야겠다는 생각조차 들지 않았다.

그러나 아기를 갖기로 마음먹은 이상 달라져야 했다. 체력도 체력이지만, 나이가 들수록 자궁벽이 굳어 단단해지기 때문에 착상도 어려워진다. 따라서 자신에 맞은 운동으로 몸과 마음을 부드럽고 따뜻하게 관리해야 한다.

"애 낳으려고 결혼한 것도 아닌데, 꼭 그렇게까지 해야 하나?"

불만이 있을 수도 있다. 이해한다. 나도 그랬다. 그러나 노산을 경험하고서 생각이 달라졌다. 건강하고 좋은 몸을 만드는 것은 아이를 위해 꼭 필요한 일이다. 동시에 나를 위해서도 꼭 필요한 일이다. 안정적으로 임신하고, 편안하게 아이를 낳고, 빨리 회복해서 일이건 육아건 '현장'으로 복귀하려면 무엇보다 내 몸과 마음이 건강해야 한다.

아빠도 예외가 아니다. 예전에는 아이에 대한 책임과 의무가 모두 엄마에게만 부담되었다. 아이가 안 생겨도 엄마 탓, 아이가 건강하지 않아도 엄마 탓이었다. 태교는 전적으로 엄마의 몫이었다. 아이는 엄마 머리를 닮는다는 둥, 노산일수록 아이큐가 떨어진다는 둥의 유언비어는 나 같은 고령 산모의 마음을 무겁게 짓눌렀다. 하지만 불임의 40퍼센트가 남성에게 원인이 있고, 아이는 부모의 염색체를 절반씩 이어받는다는 게 오늘날의 통설이다. 아이는 부모의 공동책임이라는 뜻이다.

따라서 여성만큼이나 남성들도 몸 관리에 힘써야 한다. 남녀 모두 금주와 금연에 돌입하고, 요가든 헬스든 등록해 꾸준히 운동하고(여건이 안 되면 걷기라도), 정크 푸드는 멀리해야 한다. 몸 안 독소를 빼내기 위해서지만, 임신 후에도 태아의 두뇌발달과 성장에 치명적인 영향을 준다. 특히 담배는 여성의 배란과 생리불순을 유발하고, 남성의 정자 활동성을 크게 저해하는 요인이 되니 반드시 끊어야 한다.

탄산음료와 커피, 홍차 같은 카페인 음료도 되도록 끊는 게 좋다. 도저히 포기할 수 없다면 줄이기라도 하자. 남성은 꼭 끼는 속옷과 사우나, 온탕 목욕을 피해야 한다. 정자의 우량성을 떨어트린다. 여성은, 특히 고령 산모는 엽산을 꼭 챙겨 먹어야 한다.

Info. 왜 임산부는 엽산을 먹어야 할까?

나이가 많을수록 자연유산의 빈도와 기형아 출산 확률이 높아진다고들 하는데, 엽산이 이를 방지해준다. 나는 임신 전부터 병원에서 관리를 받으면서 애를 만들었으므로 당연히 엽산을 지속적으로 처방받았고, 노산이라는 이유로 임신한 이후에도 한동안 먹었다. 일단 임신할 가능성이 있으면 엽산부터 먹는 것도 심신의 안정을 취하는 데 도움이 될 것 같다(적어도 임신 3개월 전부터는 무조건 먹어야 한다). 잊어버리기 쉬우니까 아침에 일어나자마자 먹거나 자기 전 먹는 습관을 들이는 게 좋다. 물론 모두 의사와 상의한 다음에 할 일이다. 가격은 몇 천 원부터 몇 만 원까지 다양하다. 보건소에서도 나눠주니 이용해보는 것도 좋다.

부부관계는 지극히 사적인 영역이라고 생각했다. 여기에 의사가
개입해서 검사를 하고, 날을 잡고, '대사'를 치르게 한다는 게 영
거북살스러웠다. 마흔 무렵 주변에서 "병원에 좀 다녀보지 그래"
하는 충고를 진지하게 받아들이지 않은 이유였다. 하지만 결국
나는 병원에서 인공수정으로 아이를 만들었다. 초혼 연령이 전
반적으로 높아진 요즘은 35~40세를 임신의 '세컨드베스트second
best' 시기라고 한다지만, 나이가 많아질수록 임신이 어려워지는
건 부정할 수 없는 사실이었다. 몇 번 자연임신에 실패하자 보다
'효율적으로' 아이를 갖기로 결심했다.

    결심이 서니 가장 시급한 일은 병원을 결정하는 것이었
다. 큰 병원에 가야 하나? 그 넓고 삭막한 공간을 여기저기 헤맬
걸 생각하니 벌써부터 느낌이 '쎄' 했다. 그래서 처음에는 동네병
원에서 진료를 받고, 이제 막 계획임신에 성공한 선배에게 조언
을 구했다. 선배는 대번에 자기가 다닌 병원을 추천해주었다. '이
바닥에서' 나름 유명하고, 정부 산하라서 비용도 저렴한 병원이
었다. 곧장 그 병원에 찾아갔다. 다짜고짜 들이닥친 병원이니 아
는 의사가 있을 리 만무했다. 병원에서 알아서 의사를 배정해주
었다.

    결국 그곳에서 아기가 생기기는 했다. 그런데 10주 만에
유산했다. 이후 다시는 그 병원에 가지 않았다. 너무 멀어 다니기

힘들기도 했고, 아픈 기억이 있는 곳에 두 번 발걸음하고 싶지가 않았다. 결국 동네병원과 계류유산 수술로 찾아간 병원까지 모두 네 곳을 옮겨 다녔다. 결정과 판단을 하는 데 도움받을 사람이 없었고, 정보도 많지 않았기 때문이었다.

지금 병원을 선택하려는 사람이 있다면 나는 이렇게 조언하고 싶다.

첫째, 제대로 검사를 받고 싶다면 동네병원에서 시간을 낭비하지 말라. 물론 동네병원만의 장점이 있다. 가깝고, 수시로 몸 상태를 확인하면서 의사와 깊이 의논할 수 있다. 반면 정밀검사나 인공수정 같은 시술을 받는 게 힘들다. 만약 자신(과 남편)의 건강검진을 치밀하게 받고자 한다면, 믿을 만한 전문 의료진의 확언을 들어야만 직성이 풀린다면, 아예 처음부터 큰 병원에 가는 게 맞다. 동네병원이 무조건 안 좋다는 얘기가 아니다. 시설을 갖춘 전문병원이 동네에 있다면 얼마든지 추천한다.

둘째, 집이나 직장에서의 거리도 중요하다. 임신 초기와 막달에는 매주 집중적으로 병원에 가야 할 수도 있다. 그런 때 병원이 먼 곳에 있으면, 가뜩이나 시술 때문에 혹은 아기 때문에 힘든데 오가기가 정말 힘들어진다. 해서 가급적 가까운 곳을 선택하라고 권하고 싶다. 선배가 추천해줬다는 병원은 서울 강북에 있었다. 우리 집이 용인이었으니 어지간히 먼 거리였지만, 운전을 하기 때문에 스스로 기동력이 있다고 자만했다. 하지만 이렇게 고

생활 필요가 전혀 없었던 것이, 용인에도 그만큼 유명하고 좋은 병원이 얼마든지 있었다. 유산 수술을 다른 병원에서 한 것도, 힘든 상황에서 그 멀리까지 갈 여력이 없었기 때문이었다. 기왕 병원에 갈 생각이라면, 근처에 유명한 병원이 있는지 먼저 검색해보자. 이름난 병원일수록 당연히 예약이 밀려 있기 마련이니, 반드시 전화를 걸어 현황을 파악하자.

셋째, 병원에 가기 전 담당 의사를 결정해라. 지인에게 병원을 소개받았다면 주치의까지 소개를 받아라. 그렇지 않다면 병원 홈페이지에서 의사의 약력과 전공을 확인해보면 된다. 특진료를 받는 유명한 의사를 고르라는 게 아니라, 진료 스타일이나 출산 경험이 많은지 여부, 엄마들의 평판은 어떤지를 살펴보라는 것이다. 분만까지 혹시 모를 일을 대비해 경험과 지식이 풍부한 의사를 선택하든지, 편안하게 내 몸 상태를 말할 수 있는 친밀한 의사를 선택하는 게 좋다.

넷째, 병원 시설이나 비용도 미리 확인하는 게 좋다. 일단 병원에 다니기 시작하면 비용이나 시설을 이유로 다른 병원으로 옮기기가 쉽지 않다. 특히 출산 후 산후조리원을 이용할 계획이라면 병원과 산후조리원이 함께 있는지, 둘 다 이용할 경우 혜택이 있는지, 산후조리원 프로그램은 나와 맞는지 등등을 살펴보라. 당연한 말이지만, 정보가 많을수록 나중에 후회할 일도 준다.

임신 전 검사   Q

병원을 결정했다면 예약을 잡는다. 보통 생리가 끝난 다음 날 가는 것이 배란일을 잡거나 여러 가지 검사를 하는 데 유리하므로, 때를 맞춰 예약하는 게 좋다. 생리 후 열흘이 지나면 배란이 진행되기 때문에 임신 가능성이 생긴다. 따라서 그전에 엑스레이를 찍는 등 검사를 마치는 게 안전하다. 병원에서 자세하게 안내해 주니 따라서 하면 된다.

병원에 가면 간단히 문진을 하고 곧바로 검사에 들어간다. 혹시 어떤 원인이 있어서 임신이 안 되는 건가 파악하기 위해서다. 자궁경부암 검사, 소변검사, 빈혈, 혈액형, 갑상선 검사 등을 기본으로 하고, 피검사를 통해 호르몬 이상 여부와 풍진과 B형간염 항체가 있는지 여부를 진단한다. 항체가 없으면 주사를 맞고 항체가 생성될 때까지 피임을 하며 기다린다. 풍진은 3개월, B형간염은 6개월이 걸린다. 항체 없이 임신을 하게 되면 자칫 유산이나 태아기형이 생길 수 있다.

때에 따라 나팔관 조영술을 권유받기도 한다. 나팔관 조영술은 자궁 양쪽에 하나씩 있는 나팔관이 막혀 있지 않은지, 자궁 내 유착은 없는지 등을 확인하는 작업으로, 막혀 있으면 그쪽에서 배란이 안 되고 그만큼 임신이 힘들어지기 때문에 난임의 원인이 될 수 있다.

이쯤에서 내 경험을 들려주겠다. 처음 병원에 갔을 때, 검사 결과 풍진 항체가 없었다. 난감했다. 한시가 급한 마당에 3개월을 마냥 허비할 수가 없었다. 담당 의사도 사정을 너무 잘 알기에 선뜻 주사 맞자는 말을 못 꺼냈다.

최근 십수 년간 국내에서 풍진이 발병한 일은 거의 없다. 하지만 사람 일은 모르는 것이고, 의학적 매뉴얼은 괜히 있는 게 아니다.

"어떻게 하실래요?"

"글쎄요, 전 잘 모르겠는데……. 선생님, 어떻게 하면 좋을까요?"

햄릿에 준하는 기로에 서서 우리는 서로에게 결정을 떠밀었다. 의사는 나에게, 나는 의사에게. 그러다 결국 주사를 맞지 않고 인공수정 시술을 받기로 결정했다. 이 또한 노산의 아픔. 미리 차근차근 준비하지 못한 자신을 탓할 수밖에 없었다.

다행히 시술은 성공이었다. 착상이 제대로 이루어졌다. 그러나 10주 만에 유산했다. 수술 후 출혈이, 비록 생리 때보다는 적었지만 사흘까지 많다가, 2주가 지나자 비로소 멈추었다. 하지만 몸과 마음에 충격이 오래갔다. 누가 그랬던가. 유산은 출산과 버금가는 흔적을 산모에게 남긴다고. 한동안 뭔가 힘들고 심란하고 멍했다. 하지만 곧 몸과 마음을 추슬렀고, 그 길로 병원에 가서 풍진주사를 맞았다.

2015년 통계에 따르면, 한국 여성은 평균 30세에 결혼해 약 32세에 초산을 경험한다. 35세 이상인 고령 산모의 비율도 23.9퍼센트를 차지하고 있다. 이제 고령임신은 피할 수 없는

추세고, 산모 나이가 많다고 무조건 위험한 것도 아니다. 준비할 시간이 부족할 뿐이지, 엄마의 건강이 출산까지 지속되면 나이와 상관없이 얼마든지 건강한 아기를 가질 수 있다. 주변의 흉흉한 이야기에 흔들리지 말자. 임신 전 기본검사를 받고, 건강관리에 주의하고, 차분히 준비하면서 기다리면 건강하고 예쁜 아이를 얻을 수 있을 것이다.

계획임신을 결심하다

여기까지 왔다면 임신 준비는 거의 마쳤다. 남은 건 이제 실천이다. 처음 얼마간은 자연임신을 시도해보고, 잘 안 되면 계획임신에 돌입하자. 아무래도 나이가 걸린다면 곧바로 계획임신으로 넘어가도 된다. 계획임신의 가장 큰 장점은 허송세월하는 시간을 줄일 수 있다는 것이다. 자연임신만 고집하면서 '왜 아이가 안 생길까' 우울해 하며 공연히 힘 빼지 말자는 말이다.

병원에서 앞서 얘기한 검사를 받은 뒤 이상이 없다고 나오면, 본격적으로 의사의 가이드가 시작된다. 첫 단계는 배란일에 맞춰 '숙제'를 하는 것이다. 이때 다낭성난소증후군 때문에 배란장애를 겪는 여성은 배란유도제를 먹거나 난포를 숙성시키는 주사를 맞거나 한다.

숙제는 의사가 정해준 날에 부부관계를 맺는 것을 뜻하는 '업계' 은어다. 처음 숙제를 한 날 잊었던 장면이 불현듯 떠올랐다. 1996년이었나. 영화 〈은행나무 침대〉가 개봉했다. 당시 나는 막 대학을 졸업했는데, '할리우드 못지않은 특수효과'를 앞세운 홍보에 낚여 극장에 갔다. 불이 꺼지고, 영화가 시작되었다. 미술을 전공한 대학강사 한석규와 외과의사 심혜진이 한낮에 다급히 일터에서 나와 어느 화실에서 만나더니, 부랴부랴 옷을 벗고 섹스를 했다. 그때는 '대체 뭔 일인가' 싶었는데, 같은 상황에 처하고 나서야 비로소 이해가 되었다. 난임부부라 숙제는 해야겠는데 시간은 없고, 해서 일과 시간에 어떻게든 짬을 낸 것이다.

극 중에서 두 사람은 제법 많은 실패를 경험했던 것 같다. "이번에도 안 되면 어떡하지?" 하는 심혜진의 목소리에는 걱정이 그득했다. 나라고 다르지 않았다. 숙제를 받아들면 알겠지만, 처음에는 아이를 만들 기회가 그리 많지 않다는 사실에 놀라게 된다. 한 달에 한두 번, 1년이래 봤자 현실적으로 스무 번이 될까 말까. 숙제하는 날에 남편이 늦게 들어올라치면 그나마 없는 기회 한 번이 그냥 날아가 버린다. 숙제 후 생리를 할 때마다, 임신 그까짓 거 대~충 되는 거 아니냐 했던 자신감이 조금씩 무너져 내렸다.

고돼도 너무 고되네

인공수정, 체외수정   Q

그래서 의학의 힘을 좀 더 빌리기로 했다. 먼저 인공수정은 남편의 정액을 받아서 불순물은 제거하고 정자의 활동성은 더욱 강화시킨 다음, 산모의 질을 통해 자궁에 직접 넣는 것이다. 화학처리된 정자가 자궁 내로 들어간 이후의 과정은 정상 임신과 똑같다.

정자의 힘이 약하다든지, 양쪽 난관이 모두 막혔다든지 해서 인공수정이 어려울 경우 체외수정을 시도하게 된다. '시험관아기'로 통칭되는 체외수정 시술은, 여성의 성숙된 난자와 남성의 정자를 인위적으로 여럿 채취해서 시험관이나 배양접시에서 수정시킨 후, 2~5일 동안 배양하여 여성의 자궁에 이식하는 방법이다.

인공수정 시술 과정은 대략 이렇다. 먼저 시술하기 사나흘 전 남성은 부부관계를 하거나 자위를 해서 정액을 배출한다. 양질의 정자를 얻기 위해서다. 이후 시술 당일까지는 금욕이다. 그날이 오면 병원의 어두운 방에서 홀로 '야한 영화'를 감상한다. 물론 나올 때 종이컵에는 정액이 들어 있어야 한다. 여기까지 하면 남성의 역할은 끝난다. 나머지는 모두 여성의 일이다.

여성은 생리가 시작된 지 이틀째에 병원에 가서 클로미펜clomiphene 같은 경구용 배란유도제를 처방받거나, 주사를 통해 과배란을 유도한다. 한 달에 하나씩 성숙하는 난자를 인위적으로 여러 개 성숙시켜서 임신 확률을 높이려는 것이다(덕분에 요즘 쌍둥이가 부쩍 늘었다). 그런 다음 배란일에 병원에 가서 미리 받아놓은 정액을 주입하면 끝난다. 간단하게 서술했지만, 사실 쉽지 않은 일이다. 시간 맞춰 약을 먹는 것도 보통 일이 아니고, 배에 직접 주삿바늘을 찔러넣는 것도 무서웠다. 특히 병원 침대에 드러누워 정액을 '주입받는' 일은, 산부인과 '굴욕의자'에 앉는 것만큼이나 익숙해지지가 않았다. 마치 애 낳는 기계나 짐승이 된 느낌이랄까. 나라는 사람이 결국 이걸 위해 지금까지 존재해왔던 건가 하는 회의감 같은 게 밀려왔다(나중에 들으니 남편도 비슷한 기분이었다고 한다). 인공수정도 이럴진대 시험관아기는 시술 과정도 수술에 버금가게 복잡하고, 감정 소모도 훨씬 크다. 뭐, 아무래도 좋다. 그렇게 해서 임신만 된다면. 하지만 전생에 나라를 구한 게 아니고서야 '원샷원킬one shot, one kill'은 꿈같은 일이다. 지난한 과정은 처음부터 다시 시작된다.

계획임신이 실패하는 일이 반복되면, 사람에 따라 가족 간에 소원해진달지, 지인들과 관계가 끊기거나 대인기피증이 생긴달지 하는 후유증을 겪는다. 어떤 부부는 선물받은 아기 신발을 매만지며 밤새 울었다고 한다. 다행히 나는 이 문제로 스트레스를 주는 사람도 없었고, 성격도 무던한 편이라 비교적 마음 편히 지낼 수 있었다. 그보다는 남편과 함께 노력하고 치료받으면 해결되겠거니, 포기하지 않으면 언젠가 작은 발로 엄마 아빠를 찾아올 한 생명을 만날 수 있겠거니, 더 단단하게 마음을 다졌다.

계획임신에 대한 지원 찾아보기

임신육아종합포털 아이사랑 　　　　　　　🔍

계획임신에는 만만치 않은 비용이 들고, 실제로 많은 부부가 이

일로 고민한다. 다행히 저출산이 워낙 사회적으로도 문제다 보니
정부도 출산율을 높이고자 다양하고 실질적인 정책을 내놓았다.
자세한 내용은 보건복지부가 운영하는 인터넷 사이트에서 직접
확인할 수 있다. 홈페이지 주소는 www.childcare.go.kr이다.
인터넷 검색창에 '임신육아종합포털 아이사랑'을 입력해도 된다.
홈페이지 중간의 '나에게 맞는 서비스 찾기'를 클릭하면 자신의
상황과 지역에 맞는 서비스를 검색할 수 있다.

　　나처럼 봐도 뭐가 뭔지 모르겠다는 사람은 보건복지부콜
센터를 이용해도 좋다. 전화번호는 국번없이 129번이다. 아무리

임신육아종합포털 아이사랑 홈페이지

어눌하게 말해도 노련한 상담사가 찰떡같이 알아듣고 친절하게
잘 설명해줄 것이다. 요즘 세상에 아이 하나 낳아 키우는 데도 돈
이 워낙 많이 들기 때문에, 꼼꼼히 살펴보고 가능한 많은 혜택을
받기 바란다.

임신과 출산 때 어떤 정부 지원을
받을 수 있을까?

대개가 해당될 만한 지원책으로는 만 44세 이하 여성을 대상
으로 한 난임부부 수술비 지원, 산모·신생아 건강관리(일명 산
후조리) 지원, 고위험임신부 의료비 지원 등이 있다(고령 산모는
여기서도 서러워진다). 그중에서 인공수정이나 체외수정 시술을
지원해주는 난임부부 시술비를 보자면, 인공수정은 1회 50만
원까지 총 3회를 지원해준다. 시험관아기는 신선배아일 경우
1회 190만 원썩 4회, 동결배아일 경우 1회 60만 원썩 3회 지
원받을 수 있다. 단, 산모 및 배우자의 건강보험료 본인부담금
합산액이 전국가구 기준 중위소득 80퍼센트 이하로 지원자격
을 제한하고 있으니, 본인이 그에 해당하는지 반드시 최신 자
료를 확인해봐야 한다.

임신 준비기, 아빠는 뭘 해야 할까

단언컨대 아기를 낳아 기르는 것이 결혼생활의 전부는 아니다. 그러나 부모가 될 마음이 있는 만혼 남성이라면 처음부터 분명한 목표를 세우고, 삶의 전반을 '아기'에 맞춰야 한다. 금주와 금연은 당연한 일이다. 규칙적인 생활과 운동으로 컨디션을 일정하게 유지하고, 병원에서 점지해준 '그날'을 위해 만사를 제치고 달려올 수 있는 결단력(!)과 체력도 필요하다. '대충 이제까지처럼 살다가 어찌어찌 아이가 생기면 낳겠다'는 식은 20~30대에나 가당한 일이다. 그렇다. 이제는 그만 받아들여야 한다. 우리는 배 나오고 엉덩이 처진 40대고, 40대 남성이 아빠가 되려면 어마어마한 노력이 뒤따라야 한다. 결실은 노력한 만큼 얻어진다. 고시생 머리띠에나 새겨질 말이라고 생각하겠지만 엄연한 사실이다. 아기를 갖기 위한 준비를 소홀히 하면 할수록 후회도 크다. 반대로 철저히 자기관리를 하며 준비하면 후회할 일이 줄어든다.

자신만만해 말고 검사부터

아이를 갖기 전에 여성은 보통 병원에 가서 풍진, 간염, 결핵, 자궁근종 등 여러 가지 항체와 질병검사를 받고 임신하는 데 지장이 없는지를 살펴본다. 이때 남성도 함께 가서 정확한 현재 몸 상태를 진단한다면, 공연한 일에 시간과 정력을 낭비하는 것을 방지할 수 있다.

처음에는 나도 내 나이를 잊고 자신만만했다. 적당히 시간적 여유를 갖고 건강한 성생활을 지속하면 곧 아이가 생길 줄 알았다. 그렇게 한 달이 가고 두 달이 지나자 '어라, 생각보다 쉽지 않네?' 하는 마음이 들었다. 그제야 "나이가 있어서 쉽게 안 될 수도 있다"라고 했던 아내의 말이 떠올라 부랴부랴 한약을 지어 먹으며 심기일전했다. 하지만 1년이 다 되도록 감감무소식이 계속되자, 슬슬 불안이 몰려오기 시작했다. '아내는 병원에서 이상이 없다고 했고, 뭐야, 혹시 나에게 문제가 있는 건가?' 싶었다. 그럼에도 병원에는 가지 않았다. '나 아직 안 죽었다'는 근거 없는 자신감이 첫 번째 이유였다면, '진짜 불임이면 어쩌지' 하는 공포가 두 번째 이유이자 진짜 이유였던 것 같다. 설령 불임이라

할지라도 내 눈으로 직접 확인하고 싶지 않다는 알량한 자존심.

결국 우리 부부는 1년 반 만에 아이를 만드는 데 성공했고, 내 몸은 지극히 정상(?)인 걸로 자동 판명되었다. 그래도 처음부터 병원에 가서 정확하게 검진을 받았다면 괜히 조마조마하며 마음 졸이는 일은 없었을 것이다. 만에 하나 내가 불임의 원인이었다면, 되지도 않는 일에 귀중한 시간을 버리고 아내만 고생시킨 꼴이 아닌가. 오히려 정확히 진단을 받고 방법을 찾는 게 임신 가능성과 성공률을 더욱 높이는 일이 될 것이다. 요즘은 의학이 워낙 발달해서 어지간한 문제는 대체로 해결할 수 있다.

남자 나이 마흔에 건강검진을 받는 것만큼 두려운 일이 없다. 하지만 아내를 위해, 곧 태어날 아기를 위해 쓸데없는 자존심은 잠시 접어두자.

미니멀리스트가 되자

금주와 금연은 기본 중 기본이다. 담배 좀 끊었다고 할 일 다했다는 듯 으스대지 말란 말이다. 그보다는 갈 길이 구만리다. 일단 헬스든 수영이든 운동부터 등록하고, 라면, 햄버거, 믹스커피처럼 그간 '애정했던' 음식들은 멀리하여 맑고 깨끗한 몸을 만들어야 한다. 한마디로 간디에 버금가는 금욕주의, '회사-헬스클럽-집'을 오가는 미니멀한 생활양식을 견지해야 한다. 결혼하더니 변했다느니, 아내에게 잡혀 산다느니, 유난 떤다느니 하는 주위의 야유는 곧 태어날 아이를 위해 기꺼이 감수하자.

의욕만큼 체력이 안 되고 시간도 없는 사람에게 부모가 되는 일은, 낮은 포복으로 연병장을 가로지르는 일만큼이나 어렵다. 그러니 일단 달력에 부부가 잠자리하기로 약속한 날을 크게 표시하고, 무슨 일이 있어도 이날을 최우선 순위로 삼자. 가끔씩 힘이 부치고 부담스럽더라도 그러도록 노력하자. 이때 서로가 마치 흘레붙이기로 한 짐승이 된 듯한 기분이 들지 않도록 꽃이나 선물을 준비하는 작은 이벤트를 마련하는 등 마음을 써야 한다. 가끔씩 장소를 바꿔 분위기를 전환하는 것도 좋다.

안다. 회사는 밤낮없이 바쁘고, 그럼에도 언제 책상이 빠질지 눈치가 보이고, 술자리는 넘쳐나고, 조립해야 할 프라모델이 잔뜩 쌓여 있다는 것을. 일주일에 하루쯤 낚시니 등산이니 핑계 삼아 복잡한 일상을 훌쩍 벗어나고 싶은 마음을. 술·담배 없이 버티기 힘든 현실을. 하지만 하늘은 스스로 돕는 자를 돕는다고, 이 정도 노력과 희생조차도 못하겠다면 아빠가 될 생각일랑 아예 접는 게 좋다.

이렇게 1년 이상 노력했는데도 아무 소식이 없으면, '안 되는구나' 포기하지 말고 한 번 더 시도해보자. 그 '한 번 더'가 좋은 결과를 가져올 수도 있다. 아기를 안 갖는 것과 못 갖는 것은 분명히 다르며, 지나고 후회해봤자 흘러간 세월은 돌이킬 수 없다.

임신 준비기

'인생은 기다림이다'라는 말이 있다. 40대 초짜 부모라면 금과옥
조로 삼아야 하는 격언이다. 우리 부부로 말하자면, 결혼 후 아이
를 갖기로 결정하고 얼마간 준비기간을 가졌다. 나는 나름대로
운동을 하네 어쩌네 하며 시간을 보냈고, 아내도 보약을 먹고 예
방접종도 하면서 임신에 적합한 몸을 만들었다. 그렇게 준비를
마치고 나서는 병원이 지정해준 날짜에 거사(?)를 치르는 데 전
념했다. 일 때문에 출장을 가더라도 빨리 돌아올 수 있도록 일정
을 조정했고, 꼭 그날이 아니더라도 가임기간에는 되도록 일찍
들어와 2세를 만들기 위해 노력했다. 이렇게 지극정성을 다했는
데도 첫아이를 갖기까지 1년 반이 걸렸다.

　　달마다 임신테스트기를 사고, 결과를 확인하고, 낙담하
고, '괜찮아, 잘 될 거야' 서로를 위로하고, 다시 시도하고……. 계
획적으로 아이를 갖는다는 건 이 과정을 끝없이 반복하는(듯 느
껴지는) 것이고, 척 봐도 알겠지만 매우 기운 빠지는 일이다. 그러
나 좌절감에 발목 잡혀서는 안 된다. 이때 남편의 역할은 느긋한
마음으로 불안 초조한 아내를 보듬어주는 것이다.

때로는 내 탓이오!

의기양양했던 초반 기세가 무색하게 아이가 생기지 않자, 그냥
이대로 살까 하는 마음이 들었다. 안 되는 일 때문에 마음 상하지

말고, 둘이서 오순도순 여행이나 다니며 살고 싶었다. 하지만 우리나라에서 그게 어디 쉬운 일인가. 암암리에 다들 왜 아이가 안 생기느냐며 눈치에 구박에 말이 아니다. 특히 여자에게 쏟아지는 압박은 말도 못한다. 왜 그런지 우리 사회에서는 불임의 책임을 대개 여자에게 돌린다. 아내도 은근히 시댁과 친정식구들 눈치가 보여서 마음고생이 많았다고 했다.

이럴 때 남편들은 가만있지 말고 든든한 방패막이가 돼주어야 한다. 친구 하나는 "내가 문제가 있다"는 폭탄발언으로 주변의 온갖 걱정과 질문을 일거에 잠재웠다. 이런 대인배는 못 될지언정 모른 척 아내에게만 떠넘기는 소인배는 되지 말자.

집안일은 함께하는 것

맞벌이부부로서 우리는 집에 먼저 들어오는 사람이 집안일을 알아서 했다. 신혼 때부터 그랬다. 요리는 손맛 좋은 아내가 도맡았지만, 나머지 살림은 나눠서 했다. 임신한 후에는 내가 청소와 빨래, 설거지를 전담했다. 40대는 20~30대와 달리 마냥 술 마시고 놀러 다니는 나이도 아니니, 그런 일은 가끔씩 하고 집안일하는 데 힘썼다. 좋은 남편 코스프레라고? 전혀. 나는 이 과정, 그러니까 집안일을 함께하는 것이야말로 부모가 되는 첫걸음이라고 생각한다.

육아를 하다 보면 혼자서 아이를 돌봐야 하는 때가 종종 있다. 밥 먹이고, 씻기고, 옷도 갈아입히고, 이것저것 신경 써야 할 게 많다. 그때마다 매번 음식을 사 먹이기도 그렇고, 어떻게 해야냐고 밖에 있는 아내에게 전화하는 것도 겸연쩍은 일이다. 그러니 아이가 생기기 전에 대충이라도 집안일을 익혀두는 게 좋다. 간혹 "나는 빨래고 설거지고 전혀 할 줄 모른다"고 뻗대는 남자들이 있는데, 그러지 말자. 사실 어지간한 일들은 군대에서 다 해보지 않았나. 회사에서 진 빠지게 일하고 돌아와 집안일을 한다는 게 말처럼 쉽지 않지만, 힘들고 피곤한 건 아내도 마찬가지다. 아니, 임신까지 했으니 피곤하기로 말하면 아내가 몇 배는 더할 것이다.

내가 사는 집 내 손으로 청소하면 깨끗하고 상쾌해서 좋고, 운동도 되니 건강에도 좋고, 하다 보면 마음마저 청소되어 기분도 좋다. 설거지, 빨래도 마찬가지다. 음식도 하다 보면 계속 늘어서, 어느 날 아이가 "아빠가 만든 음식이 엄마가 한 거보다 맛있다"고 추켜세우는 감격스러운 일도 벌어진다.

열거한 이유들이 너무 이상적으로 느껴진다면, 보다 현실적인 이유를 말해주겠다. 고령임신인 경우 초반이 특히 위험하기 때문에 심신의 안정이 무엇보다 중요하다. 집안일 따위로 힘들게 해서는 안 된다는 뜻이다. 출산 후에도 마찬가지다. 아내가 산후조리원에 있을 때, 퇴원 후 집에서 몸조리할 때도 집안일은 전적으로 남편의 몫이 된다.

물론 나도 처음부터 합리적이고 쿨하게 굴었던 건 아니다. 결혼 전 아내는 "아침밥은 꼭 해주겠다"고 약속했고, 실제로도 그랬다. 임신 후 밤늦게까지 야근하고 돌아온 날에도 이튿날

아침은 꼭꼭 챙겨주었다. 그럼에도 나는 가끔씩 반찬투정을 하곤
했는데, 나중에 아내가 고백하기를, 가뜩이나 배불러 힘든데 밥
안 차려준다며 짜증을 부릴 때면 머리를 쥐어박고 싶을 정도로
미웠다나. 부끄럽고 미안했다.

병원에는 아내와 같이

40대 초짜 부모에게 병원 가는 것은 가슴 설레는 일이 아니다.
특히 산모가 마흔을 넘으면 초조한 심정으로 검사를 받게 된다.
어쨌든 나이 들어 임신한다는 건 남자보다는 여자에게 더 힘든
법인데, 남편들이 이 사실을 잊는 경우가 많다.

　　병원 산부인과 대기실에 앉아 있으면 보호자(남편 혹은 가
족)와 함께 온 임산부와 혼자 온 임산부로 나뉜다. 혼자 올 수밖
에 없는 사정이 있겠지만, 그래도 보기에 안쓰럽다. 나이가 많건
적건 여성에게 임신은 기쁘면서도 불안한 일이다. 특히 계획임신
으로 주사도 맞고, 약도 먹고, 검사도 하고, 날도 잡아야 하는 고
령 산모는 걱정되는 일도, 아프고 힘든 일도 더 많다. 그럴 때마
다 남편이 함께 그 고통을 공유한다면 큰 힘이 될 것이다. 임신이
되었더라도 초기는 아무리 조심해도 부족한 시기고, 중기가 넘으
면 몸이 무거워지면서 여러 가지 합병증이 생길 가능성이 있기
때문에 병원은 늘 같이 다니도록 하자.

　　일 때문에 시간을 내기 힘들다면 주말 예약을 추천한다.
병원은 보통 사전예약을 하는데, 토요일에 일정을 잡는 것이다.

주말에는 평일보다 아무래도 사람이 많고, 따라서 기다리는 시간도 길다. 이게 힘들다고 아내만 혼자 보내려 한다면, 당신은 애초에 아빠가 될 자격이 없는 사람이다. 40대에 초짜 부모가 되려는 사람은 매일이 기다림일뿐더러, 육아는 그 자체로 기다림과 인내를 요구한다. 병원 대기시간도 못 참는 남자라면 좋은 아빠도, 좋은 남편도 될 수 없다.

아내가 병원을 예약하고 검사하러 갈 때는 꼭 손을 잡아주고, 옆에서 가방도 들어주고, 말동무도 해줘라. 임신, 출산, 육아는 아내 혼자만이 아니라 부부가 함께 감당할 일이라는 사실을 절대 잊지 말라.

텔레비전은 잠시 꺼두세요

신혼 때 산 텔레비전을 첫아이 때까지 갖고 있었다. 가끔 켤 뿐 즐겨보는 편도 아니었는데, 아이가 크면서 없앨지 말지 고민이 되었다. 텔레비전을 틀어놓으면 시간은 잘 간다. 대신 부부간에 대화가 사라진다. 나와 관계없는 화면 속 인물 이야기만 할 뿐이다. 그 시간에 차라리 산책을 한다든지 자기계발을 하는 게 부부관계를 더 좋게 만든다. 더욱이 마흔쯤 되면 내 인생이 어지간한 드라마보다 더 극적이다(그렇다고 막장드라마에 견줄 자신은 없다). 다른 사람의 삶에 쏟는 관심을 자기 자신과 2세 만드는 데 투자한다면, 남은 인생이 훨씬 풍요로워질 것이다. 텔레비전 보는 게 일생의 낙이어서 죽어도 없앨 수 없다면 줄이기라도 하라고 권하고 싶다.

아기를 키울 때도 텔레비전은 양날의 검이다. 있으면 확실히 편하긴 한데, 채널을 여기저기 돌리면서 산만해지고 집중력을 떨어뜨리기에 딱 좋다. 그 시간에 아이랑 책을 읽거나 놀이를 하는 게 낫다. 해서 둘째가 태어나면서 텔레비전을 없애버렸다. 물론 부모는 그만큼 피곤해지지만, 지나고 보니 이때가 행복한 시간이었던 것 같다. 어느 정도 크면 더 이상 무릎에 앉지도 않고, 각자의 공간에서 보내는 시간이 더 많다.

먹고 살기도 힘들고 바빠 죽겠는데 텔레비전이 어쩌고, 청소가 어쩌고 하는 게 배부른 소리처럼 들릴 수도 있겠다. 하지만 아이를 갖는 것은 '자기(ego)'를 없애는 것부터 시작되는 것 같다. 내 생각, 내 고집, 내 일이 아니라 아내를 먼저 생각하고, 아내의 요구를 먼저 들어주는 것. 짐승처럼 유전자를 남기기 위한 각개전투의 결과가 아니라, 한 여자를 지극히 사랑하는 애틋한 마음의 결과인 것이다.

결혼 후 콩깍지가 벗겨지니 성격도 안 맞고, 웃을 일이 없어진다고 푸념하지 말고, 미래의 아기가 엄마와 아빠가 마주앉아 서로의 눈을, 마음을 깊게 바라보기를 기다린다고 생각해보라. 힘들지만 그런 희망을 품고 살아가자!

3장

임신

이형기
. . . .

최정은
. . . .

이형기: 임신 이후의 이야기를 해볼까요? 임신 사실을 병원에서 안 거예요?

최정은: 피검사를 하면 이튿날 병원에서 연락이 와요. '수치가 얼마 이상이라
임신 가능성이 있습니다' 이런 식으로요. 그다음부터 일주일마다 검
사를 해요. 저는 고령 산모라서 후기로 가면 다른 임산부보다 자주
병원에 가야 할 거라네요.

이형기: 부모님께는 언제 알렸어요?

최정은: 한 번 유산한 경험이 있는데 그때 바로 알렸다가 실망을 안겨드려 두 번째엔 조심했죠. 그런데 자주 못 뵈니까 궁금해 하셨고, 더 이상은 피할 수 없어 조금 안정이 된 후 알렸어요.

임신 초기 3개월은 특히 조심하라고 말씀드리고 싶어요. 제가 첫 임신했을 때 10주에 유산을 했어요. 당시에 저는 아무 생각 없이 평소처럼 생활했어요. 남들 다 겪는 일이라 유난 떨기도 싫었고요. 그런데 어느 날 밤에 피가 확 쏟아졌어요. 병원에서 검사를 해보니 아기 심장소리가 안 들렸어요. 결국 유산이 됐죠. 워낙 초기라 그런지 슬펐다기보다 멍했던 것 같아요. 몸을 관리하면서 잠시 그렇게 보냈어요. 초기가 중요해요.

이형기: 맞습니다. 초기 3개월은 산모들이 아주 조심해야 합니다. 제 아내는 첫째 때 3개월 즈음에 피가 보인다고 해서 걱정을 많이 했죠. 다행히 이상은 없었어요. 둘째는 초기에 입덧이 좀 심했어요.

최정은: 제일 중요한 건 과로와 스트레스를 피해서 초기를 무사히 넘기는 겁니다! 꼭 명심해야 합니다.

이형기: 기형아 검사는 언제 하죠?

최정은: 중기에 하죠. 아마 많은 임신부들 특히 고령이라면 걱정을 많이 하실 겁니다. 병원에서는 양수검사에 대해서 고민해보라고 해요. 양수검사는 배에 주삿바늘을 직접 찔러 넣기 때문에 위험부담이 있어요. 의사는 괜찮다고 하지만 누군가에게는 스트레스가 될 수도 있죠. 저는 고위험 산모라 '양수검사 요망'이 나올 가능성이 높아서 바로 했습니

다. 해본 사람으로서 아픕니다. 안 아프다고 하더니 바늘이 들어가니까 고통이 확 오더라고요.

이형기: 저희는 둘째 때 피검사에서 수치가 비정상적으로 나와서 고민했어요. 병원에서는 양수검사를 권했어요. 마음이 착잡했죠. 고민도 많았고요. 그런데 생각해보니 검사를 하고 안 하고의 문제가 아니었어요. 제 경우엔 설령 이상이 있더라도 달라질 건 없었어요. 그렇다고 아이를 낳지 않을 건 아니었으니까. 그래서 검사를 하지 않았어요.

최정은: 저도 고민이 많았죠. 검사 후에도 정말 괜찮은 건지 여러 번 물어봤어요. 부모의 철학에 따라 달라지는 거 같아요. 솔직히 말하자면 '저는 상관없으니 안 할게요'라고 말할 용기가 없었고, 두려움도 있었어요. 결국 부모의 판단이고, 가치관에 달린 거 같아요. '해봐서 문제 있으면 지울 거야?' 이게 가장 딜레마에요.

이형기: 자식은 독립하기 전까지 부모가 보호자인데, 그 역할을 해낼 자신이 없으면 낳지 말아야 해요, 냉정하게. 잘나고 귀여운 부분만 보려면 낳지 말아야죠. 책임감을 갖고 부모의 역할을 할 마음가짐이 필요하더라고요. 이런 과정 하나하나를 거치면서 부모가 되는 거라고 생각해요.

최정은: 인생 경험을 꽤 했다고 생각했지만 그런 고민들은 처음이었어요. 엄청난 경험이에요. 뭔가 다른 인생을 알게 되는 거 같아요.

이형기: 우리 삶에서 또 다른 이야기인 것 같아요.

1.

임신
초기

임신 초기에는 태아가 워낙 작고, 사람에 따라서는 입덧 같은 증상도 없기 때문에 잘 실감이 나지 않는다. 그에 반해 몸은 피곤하고 검사할 것들도 많아서 건강관리가 잘 안 되기 쉽다. 하지만 임신 초기는 나이가 많고 적음을 떠나 위험천만한 때며, 고령 산모일수록 특히 조심해야 한다. '나는 나, 어떤 상황에서도 내 길을 간다'는 쿨한 사고의 소유자일지라도, 이때만큼은 부디 자중하길 바란다.

위험한 시기를 잘 넘겨 중기, 후기로 간다면 다행이지만 예상치 못한 일을 겪을 수도 있다. 자궁외임신으로 수술을 받거나, 태아의 염색체에 이상이 생겨 유산이 되는 경우다. 상심이 크더라도 자책은 절대 금물이다. 유산은 지극히 자연적이고 불가항력적인 일로써, 결코 엄마의 책임이 아니다.

유산하지 않고 임신을 지속하더라도 어려운 과정이 첩첩이 남아 있다. 하지만 걱정 마시길. 고령 산모의 장점 중 하나는 20~30대 산모보다 훨씬 여유롭게 상황을 통제하고 대처할 수 있다는 것이다.

드디어 신호가 왔다

여느 때와 다름없이 병원에서 피검사를 했다. 계획임신을 하는 산모는 숙제를 마치고 난 다음 병원에 가서 피검사를 하는 게 주요 일과다. 피검사에서 호르몬 수치가 일정 정도 이상으로 나오면 임신으로 판정하고 곧바로 관리 모드에 들어간다. 호르몬 수치에 변동이 없으면 처음으로 되돌아가는 거다. 그런데 피검사를 받고 얼마 지나지 않아 병원에서 전화가 왔다. 임신인 것 같단다. 간절히 염원하던 소식을 전해 들은 내 첫 반응은 "다행이다"였다. 동시에, 이제부터는 생리 때 병원에 가지 않아도 된다는 생각에 안도감이 밀려왔다. 지난 시간이 주마등처럼 스쳐 지났다든지, 함께 애쓴 남편 생각에 목이 메었다든지 하는 보편적인 시그널은 없었다.

나와 비슷한 경로로 아이를 가진 한 선배는, 간호사가 임신 소식을 알리자마자 남편에게 전화를 걸어 엉엉 울었다고 한다. 검사를 받고 돌아온 아내가 말없이 눈물만 쏟아내니, 남편은 이번에도 실패한 줄 알고 괜찮다고, 또 하면 된다고 다독여주었단다. 간신히 진정한 선배가 "내년에 당신 아빠 된대"라고 하자, 이번에는 남편이 전화기를 붙들고 한참을 울었단다. 또 다른 친구는 습관처럼 임신테스트기를 대었다가 두 줄이 나오자, 기쁘기는커녕 제품이 불량인가 의심부터 들었다고 했다. 그만큼 믿기 힘든 일이었다고. 이들에 비하면 나의 반응은 그야말로 무감의 극치였다.

제정신이 든 건 통화를 마치고 나서였다. 그동안 착한 남편에게 말도 안 되는 일로 화풀이했던 일, 숙제가 남편에게도 스트레스인 줄 뻔히 알면서 마냥 몰아붙였던 일, 아기 없이 우리 둘이서만 행복할 수 있을까 고민했던 일, 동생의 임신 소식에 축하를 건네면서 한편으로 병원을 오가는 나의 일상이 떠올라 답답했던 일들이 두서없이 떠올랐다. 갑자기 불신감과 두려움도 일었다. 정말 임신이 맞을까. '최정은'에게 전화한 게 확실한 걸까. 실수로 번호를 잘못 누른 건 아닐까……. 그날 저녁, 나조차도 잘 믿어지지 않는 사실을 조심스럽게 남편에 전했다. 남편은 잠시 나를 바라보더니 아무 말 없이 꼭 안아주었다.

이튿날 확진 판정을 받으러 병원을 찾았다. 검사 결과 그동안 호르몬 수치가 더 올랐고, 초음파기에 조그맣게나마 아기집이 보였다. 그 흔한 입덧조차 없어서 긴가민가하던 차에, 기계를 통해 쿵쿵거리는 아기 심장소리가 들려오자 비로소 확신이 섰다.

정말 내가 정말 임신한 게 맞구나!

　　그동안 희로애락을 함께한 의사가 웃으며 "축하합니다. 임신하셨어요"라고 말했다. 실감이 잘 안 났지만 그 말을 듣고 나니, 아직 배가 불러오지도 않았는데 자꾸 손이 배 위로 올라갔다. 막달에 접어든 산모들처럼 두 손을 허리를 받치고 걸어보기도 했다. 이제부터는 임산부로 살아가야 한다. 한 번도 경험하지 못한 삶을 시작하는 것이다. 두렵기도 하고 떨리기도 했지만 정말로, 정말로 기뻤다. 종교가 없는데도 절로 기도가 나왔다.

　　"하느님 감사합니다, 나에게 '엄마'로서의 삶을 허락해주셔서."

초기에는 무조건 안정!

초음파 사진에 찍힌 아기 모습은 도무지 사람 같지가 않았다. 이목구비도 제대로 안 잡힌 게, 얼핏 대충 만든 점토 인형 같았다. 그런데도 남편은 사진을 이리저리 살펴보더니, 아무래도 나를 닮은 것 같다고 너스레를 떨었다. 말도 안 되는 '아재개그'지만 피식, 웃음이 났다. 얼마나 좋으면, 하는 생각에 살짝 코끝이 찡해지기도 했다.

　　남편을 따라 나도 가만히 사진을 들여다보았다. 이렇게 작은 점이, 이렇게 몽글몽글한 덩어리가 뱃속에서 우리를 닮은 팔뚝만 한 아기로 자라 10개월 후에 세상에 나온다는 게, 몸에서

일어나는 변화를 직접 보고 느끼는데도 정말 신기했다.

병원에 갈 때마다 의사는 아기의 심박동이 얼마나 일정한 간격으로 힘차게 뛰는지 들려주었다. 주수에 맞게 뇌, 팔다리, 척수 등 주요 기관이 어떻게 만들어지는지도 보여주었다. 임신 3개월, 12주 동안은 배아가 착상을 해서 주요 기관이 정상적으로 발달하는 시기라는 설명과 함께. 아기가 조금씩 자라고 움직일 때마다 잘 있구나 싶어 대견했고, 무정형의 덩어리가 점점 뚜렷한 사람 꼴이 되는 걸 보면서 코는 누굴 닮았을까, 두상은 어떨까, 이 부분은 날 안 닮았으면 좋겠는데 하면서 아이의 모습을 구체적으로 그려나갔다.

더불어 나이가 있으니 각별히 주의하라는 당부도 들었는데, 돌이켜보면 아주 심각하게 받아들이지는 않았던 것 같다. 임신 초기는 유산이나 자궁외임신, 조산 확률이 높아 안정을 취해야 하는데, 고령 산모의 경우 그 가능성이 두 배 이상 높아지는 만큼 절대안정이 필요하다. 병원에서는 무리하거나 스트레스 받는 일을 피하고, 몸이 힘들거나 온종일 입덧을 심하게 한 날에는 반드시 찾아오라고 당부했다. 유산 경험이 있는 고령 산모로서 이런 일에 더더욱 민감하게 굴어야 마땅한데, 정작 할 수 있는 일이 없다는 게 이 시기의 딜레마다. 해서 나는 강의와 일을 '조금' 줄이기로 했다. 어쩔 수 없이 쌓이는 스트레스는 드라마와 버라이어티 프로그램을 보며 풀었다.

그런데도 임신 5주차에 피가 비쳤다. 출혈은 임신의 흔한 증상 중 하나고, 출혈이 있다고 해서 무조건 문제로 이어지지는 않는다. 하지만 일단 임산부는 피가 나면 놀라고 걱정하기 마련이다. 더구나 나는 하혈을 하고 나서 유산을 한 경험이 있지 않은가. 너무 놀라서 바로 병원을 찾았다. 초음파로 아이 상태를 살펴보았다. 다행히 심장박동도 괜찮고, 다른 이상도 발견되지 않았다. 하지만 의사는 "출혈은 좋지 않은 신호예요. 지금 아이가 중요한지 일이 중요한지 잘 모르는 거 아닙니까"라며 따끔하게 충고했다.

진료를 마치고 집으로 돌아와서, 나는 오랜 고민 끝에 하던 일을 모두 내려놓기로 결심했다. 보통 회사원이라면 꿈도 못 꿀 일이지만, 다행인지 불행인지 이즈음 나는 다니던 회사를 그만두고 막 창업을 한 참이었다. 설립 초기라 할 일도, 신경 쓸 일도 산더미 같았지만 안정이 될 때까지 그냥 접기로 했다. 어떻게 찾아온 아이인데 또 잘못해서 잃을 수는 없다는, 내 나이에 한 번도 모자라 두 번씩이나 안 좋은 일을 겪을 수는 없다는 판단에서였다.

직장인 고령임산부라면

나만 하더라도 비교적 자유로운 근무환경이라 잠시나마 일을 접을 수 있었지만, 대다수 직장인 여성들에게는 생각도 못할 일일 것이다. 죽으나 사나 직장에 나가야 하는 산모가 더 많을지도 모른다. 그렇다면 어떻게 하느냐. 하는 수 없다, 조금 뻔뻔해지는 수밖에. 동료들 중 가까운 사람에게만 살짝 임신 사실을 알리고, 힘든 일을 대신 해달라거나 가능한 빼달라고 부탁해보자(상사에게는 가장 마지막으로 알려야 한다).

스트레스도 가급적 받지 않도록 최선을 다하자. 평소 괴롭히는 직장 상사, 꼴 보기 싫은 동료 직원들도 너그러운 마음으로 끌어안자. 보험회사 인사팀에서 일하던 절친한 친구 하나는, 임신 초기 극심한 업무 스트레스 때문에 위험한 상황에 놓일 뻔했다고 고백한 바 있다. 안다. 스트레스를 마음대로 조절할 수 있다면 뭐가 문제겠는가. 하지만 임산부는, 특히 고령임산부는 초기가 정말로 중요하다. 명상이든 마인드컨트롤이든 조력자든 뭐가 됐든 간에 스스로를 보호할 자구책을 마련하길 바란다.

그럼에도 나처럼 좋지 않은 징후가 찾아왔다면, 일단 본인이 할 수 있는 한도 안에서 최선의 방법을 찾으라고 권하고 싶다. 이때 일이냐 아이냐 선택의 기로에 설 수도 있을 텐데, 본인이 더 중요하다고 생각하는 부분에 방점을 찍고 행동하길 바란다. 임신을 했다고 해서 모든 고민이 끝난 게 아니다. 아직 가야할 길이 멀다.

한시도 마음을 놓을 수 없는
자궁외임신 Q

앞서 언급했다시피 나는 두 번 임신했다. 처음 임신했을 때는 사실을 알자마자 양가 부모님께 전화부터 드렸다. 우리 부부보다 부모님들이 더 간절히 아이를 기다린다는 것을 알고 있었기에, 얼른 소식을 전해서 조금이라도 빨리 기쁘게 해드리고 싶었다. 역시나 부모님들은 크게 반색하시며 "잘했다, 수고했다" "그동안 마음고생 많았다"고 토닥여주셨다. 대단한 효도라도 한 것 같아 뿌듯했다.

이후 병원을 다니면서 피검사를 통해 임신 호르몬 수치를 계속해서 체크했다. 꾸준한 상승세였다. 별다른 이상 징후는 보이지 않았다. 그런데 열흘쯤 지난 시기에 피검사를 한 다음, 내원하라는 연락을 받았다. 담당 의사는 "임신한 후 융모 조직에서 분비되는 '베타-인간 융모막 성생식선 자극호르몬(beta-human chorionic gonadotropin, beta-hCG)' 수치가 5천 아이유IU까지 올라갔는데도 아기집이 안 보인다"고 말했다. 이런 경우 자궁외임신일 가능성이 있다면서, 만일의 사태에 대비해 설명을 해주었다.

자궁외임신은 수정란이 자궁내막이 아니라 자궁경부나 난소, 복강 등 다른 곳에 착상하는 것이다. 임신 진단 테스트 시 양성 반응을 보이지만 태아가 정상적으로 자라기 어렵고, 심한 경우 난관이 파열되면서 산모의 목숨까지도 위협하게 된다. 의학적 검사를 통한 자궁외임신 진단의 정확도는 50퍼센트를 밑돌지만, 의사는 혹시 모르니 "갑자기 배가 아프거나 하혈을 많이 하면 바로 응급실로 가서 수술을 하라"며 의뢰서를 써주었다. 항상 가지고 다니다가 수술할 일이 생기면 병원에 보여주라는 것이다.

정밀한 수술이라며 특정 병원의 의사까지 소개해주었다. 아니, 이게 웬 메디컬드라마?

솔직히 자궁외임신이라는 말을 이때 처음 들었다. 여자인데도, 그만큼 내 몸에 대해 무지했다. 나에게 닥칠지도 모르는 상황이 너무 엄청나서 공포심이 밀려왔다. 집에 돌아와 인터넷 검색을 해봐도 초기에 제대로 대처하지 못할 시 나팔관을 잘라내야 한다느니, 자칫 죽을지도 모른다느니, 불임이 된다느니, 온통 무서운 말뿐이었다.

그래서 어찌되었느냐. 결론부터 말하자면 자궁외임신은 아니었다. 시간이 지나면서 점차 아기집도 보이고, 태아도 정상적으로 발달했다. 비록 얼마 되지 않아 유산했지만 말이다. 하지만 정말로 자궁외임신이었다면? 사람마다 천차만별이겠으나 대략 생리할 때가 아닌데도 피가 나온다거나, 임신 후 배가 아프고 하혈이 있으면 일단 자궁외임신을 의심하고 검진을 받아야 한다. 초음파로 검진을 하는데, 간혹 이렇게도 못 잡는 경우가 있다니 골치 아픈 일이다. 검진 결과 자궁외임신으로 판명이 나면 수술에 들어간다. 요즘은 개복수술은 하지 않는다. 배에 작은 구멍을 뚫고 거울 달린 수술도구를 집어넣는 복강경 시술이 일반적이고, 질을 통해 시술하는 경우도 있다고 한다.

출혈이나 복통이 심하지 않은 환자는 항염제의 일종인 메토트렉세이트methotrexate를 이용한 약물치료도 가능하다. 입원을 안 해도 되고, 상처도 없고, 수술비도 들지 않아 좋기는 한데, 몇 주에 걸쳐 약을 먹거나 근육에 주사를 놓아야 하는데다, 치료

후 6~12개월간 피임을 해야 하기 때문에 고령 산모에게는 권하지 않는다.

자궁외임신으로 나팔관을 절제한다든지 하면 불임 확률이 매우 높아진다. 또다시 자궁외임신을 할 위험도 크다. 결혼 5년차에 인공수정과 시험관 시술을 시도한 주위의 어느 부부도 난관 임신이 계속되면서 힘든 시간을 보내고 있다. 자궁외임신은 언뜻 유산과 비슷해 보이지만, 실제로 고령 산모의 심신에 끼치는 충격은 훨씬 깊을 수도 있다. 임신의 기쁨도 잠시, 아이를 잃었다는 상실감뿐만 아니라 앞으로 임신이 불가능할지도 모른다는 두려움에 휩싸이기 때문이다.

아기 심장소리가 들리지 않아요

계류유산   Q

임신 10주차 어느 날 밤이었다. 자궁외임신의 공포에서 풀려나 여느 때처럼 강의를 하고 집으로 돌아온 그날 밤, 하혈을 했다. 더럭 겁이 났다. 날이 밝자마자 병원으로 달려갔다. 조여오는 내 심정을 아는지 모르는지 의사는 심각한 표정으로 모니터를 들여다보았다.

"음…… 아기 심장소리가 안 들리네요. 아직 잘 모르니까 아기가 좀 더 자라도록 1주 정도 지켜봅시다."

그 1주를 어떻게 보냈는지 모르겠다. 기도하는 심정으로 다음 주에 병원을 재방문했지만 결과는 같았다. 얼마 전까지 콩 닥거렸던 심장소리가 더 이상 들리지 않았다. 의사가 말했다.

"아무래도 유산이 확실한 것 같네요."

무릎에 힘이 탁 풀렸다. 당장에 하혈한 날로 생각이 가닿았다. 그날 나는 몸 상태가 영 좋지 않았는데도 강의를 강행했다. 남들 다 하는 임신인데 별나게 굴지 말자 싶어서 평상시대로 행동했다. 그게 잘못이었을까. 내가 너무 이기적인 엄마였던 걸까. 눈물이 나지는 않았지만, 복잡하게 얽힌 감정이 가슴을 꽉 틀어막았다. 나에게도 이런 일이 생기는구나, 먹먹해졌다.

노련한 의사는 반응만 보고도 내 심리상태가 어떤지 알아챘다.

"임신 20주 이전에 자연유산하는 확률이 30~40퍼센트 정도 돼요. 대부분 염색체 이상 같은 자체적인 문제 때문이고요. 산모 잘못이 아닙니다."

그러면서, 수술을 하고 나면 몸이 상당히 힘들기 때문에 집에서 가까운 병원을 가는 게 좋겠다고 말했다. 이때 나는 '계류유산'이라는 말을 처음 알게 되었다.

의학적 시술을 하지 않고 20주 이전에 임신이 종결된 상태를 자연유산이라고 한다. 계류유산은 자연유산의 한 형태로, 임신 초기 초음파에서 아기집은 보이지만 태아가 발달하지 않는 경우나 사망한 태아가 자궁 안에 남아 있는 경우를 가리킨다. 염색체 이상 말고도 구조적 기형이나 당뇨 같은 산모의 질환, 황체호르몬 이상 같은 내분비 이상, 자궁의 기형 등이 주요 원인으로 거론된다. 보통 하혈을 통해 자연스럽게 몸 밖으로 나오기 마련이지만, 나처럼 몸 안에 남아 있는 경우 인위적으로 꺼내야 한다. 마냥 자책하거나 슬퍼하고만 있을 수 없었다.

하지만 막상 수술을 받으려고 보니 덜컥 겁이 났다. 그동안 건강하게 잘 살아온 덕분에 이런 일은 겪어본 적이 없었다. 익숙한 병원이 그래도 낫지 않을까 잠시 망설이다가, 의사의 충고를 받아들여 집 근처 종합병원 산부인과를 찾아 수술을 받았다.

집에 돌아와서는, 유산한 후에도 출산한 것과 똑같이 산후조리를 해야 한다는 말이 떠올라 하루 종일 방에 누워 있었다. 사실 뭘 하고 싶다는 생각조차 들지 않았다. 저녁에 남편이 내가 좋아하는 음식을 바리바리 사들고 들어왔다. 몇 순가락 깨작거리고 상을 물리자 과일도 내오고, 팔다리도 주물러주었다. 별말은 없었지만 속 깊은 마음 씀씀이가 고마웠다.

수술을 하고서 어떤 사람은 자궁의 어혈을 풀어준다며 한약도 먹었다는데, 나는 그냥 잘 먹고 잘 쉬는 쪽을 택했다. 이때 제대로 회복하지 못하면 후에 다시 임신하는 데 어려움을 겪을 수 있다. 아는 부부도 계류유산 수술 이후 나팔관 한쪽이 막혀서 3년 동안 고생하다가, 결국 절제한 다음 시험관 시술을 시작했다.

몸과 마음이 얼마간 나아졌을 때 지인들에게 사실을 털어놓았다. 뜻밖에도 같은 경험을 한 사람이 정말 많았다. 그동안 내가 아이가 없으니 말하지 않았던 것뿐이었다. 친구와 선후배들은 "나도 그랬다"면서, "초기에는 그런 일이 흔하다"면서, "네 잘

못이 아니다"면서 나를 위로하고 격려해주었다.

결과적으로 이런 경험이 두 번째 임신 때 보다 과감한 결단을 내리도록 한 것 같다. 그렇지 않았다면 일을 접을 생각은 감히 못했을 것이다. 안정기에 접어들 때까지 입을 꾹 다물었음은 물론이다. 실망한 부모님의 얼굴은, 정말이지 두 번 다시 보고 싶지 않았다.

대체 뭘 먹어야 하지?

아침에 일어나자마자 진하게 내린 아메리카노를 한 잔 마신다. 뇌에 카페인이 돌면서 번쩍 정신이 든다. Everything's ready. 임신 전까지 나의 하루는 이렇게 시작되었다. 하지만 임신이 시작되고 나서는 엄두도 못 낼 일이 되었다. 임산부의 일일 카페인 최소 권장량이 100밀리그램 이하. 그 이상 먹게 되면 저체중아 출산과 유산 위험성을 높일 수 있다. 물론 산모의 나이가 많을수록 위험도는 더 높아진다. 커피도 커피지만 맥주도, 탄산도, 초콜릿도 안 된다. 딱 한 번, '엄마가 먹고 싶은 걸 못 먹어서 스트레스를 받는 게 아이에게 더 안 좋을 수 있다'고 스스로 합리화하며 남편이 먹다 남긴 커피를 마신 적이 있지만 말이다.

그럼 대체 뭘 먹어야 하느냐. 취향을 버리면 먹을 것은 지천에 널렸다. 나도 기호식품의 양과 횟수를 줄이는 대신 건강에 좋다는 매실차, 감잎차 등 전통차와 생과일을 많이 갈아먹었다. 엽산을 복용하기 시작하면서부터 약간 변비 끼가 돌아서, 이 참에 물도 많이 마셨다. 하고 싶은 것을 하지 못하고, 먹고 싶은 것을 못 먹는 게 너나 할 것 없이 힘든 일이겠지만, 어느 정도 '짬밥'이 되다 보니 정말로, 참을 수 없이, 못 견딜 만큼 괴롭지는 않았다. 나이를 그냥 먹은 건 아니었구나 싶은 순간이었다.

다만 한 가지, 회를 멀리하는 일 만큼은 진짜 참기 괴로웠다. 나에게 회는 미국 남부 흑인들의 '소울푸드soul food'와 같다. 결혼 전 나 혼자 유학을 떠나 있을 때, 가족들이 회를 먹으러 갔다가 내 생각에 눈시울을 붉혔을 정도다. 하지만 임신한 순간부터 출산 때까지, 굳은 결심으로 한 입도 먹지 않았다.

임신 중에는 아무래도 소화력과 면역력이 떨어지므로, 잘못했다가는 탈이 날 확률도 높아지기 때문이다. 물론 괜찮은 사람도 있고, 먹는다 해서 반드시 큰일이 나는 것도 아니다. 다만 나는 고령 산모로서, 한 번 실패한 경험이 있는 사람으로서 젊은 산모보다 좀 더 신경을 쓰고 최선을 다해야겠다는 생각에 꾹꾹 참았을 뿐이다. 마지막으로 찾아온 아이일 수도 있는데 후회할 일을 만들고 싶지 않았다.

남편도 말을 안 해서 그렇지 유산이 상처가 되었던 것 같다. 건강하게 아이가 태어나자, 그제야 자신도 임신 기간 내내 노심초사했다고 고백한 걸 보면 말이다. 모든 게 정상이라는 검사 결과가 나와도 마음속 1퍼센트 불안까지 지울 수 없는 것이 고령 산모의 숙명인 듯하다.

건강에 좋다는 것들이 너무 많다

영양제   Q

임신 소식을 알리면 여기저기서 축하한다며 영양제를 선물로 보내는 경우가 많다. 그러면 임산부는 왠지 체력을 보강해야 할 것 같은 의무감에 이 약 저 약을 먹기 시작하는데, 이게 오히려 부작용을 가져올 수도 있다. 아깝다고 함부로 먹지 마시라. 성분이 무엇인지, 임산부와 태아에 어떤 영향을 미치는지 정확하게 확인한 다음, 의사나 약사와 상의하여 필요한 것만 먹고 나머지는 음식으로 보충하는 게 훨씬 안전하다. 나도 혹시 몰라서 전부터 먹던 것들을 다 끊었다. 그래봤자 대단한 건 아니고, 비타민 C, 오메가 3, 마그네슘, 칼슘, 이 모든 게 다 함유된 종합비타민제 정도다. 하지만 지용성비타민은 필히 끊어야 한다. 수용성비타민이야 오줌으로 배출되지만 지용성비타민은 그렇지 않아서, 임산부가 과하게 섭취할 경우 몸에 축적되어 태아기형, 식욕상실, 간 장애 등을 유발할 수 있다.

반면 꼭 먹어야 하는 영양제는 엽산과 철분제다. 엽산에 대해서는 앞서 이미 설명했고, 철분제는 임신 5개월에 접어들면 챙겨야 한다. 초기에는 태아에게도 철분이 크게 필요하지 않는데다, 입덧과 위장장애를 발생시킬 수 있어 먹지 않는다. 하지만 임신 5개월부터 출산 후 수유가 끝날 때까지는 철분제를 먹어야 한다. 출산 시 출혈이 많을 수도 있고, 수유 중에 철분이 부족해서 오는 만성피로를 예방해준다.

철분제는 천연 제품, 합성 제품, 철분에 칼슘이 추가된 제품 등 크게 세 가지로 나뉜다. 순서대로 가격은 싸진다. 내가 다닌 약국에서는 두 달 치 철분이 합성 제품은 6만 원, 천연 제품은 7만 원 정도였다. 함유량을 따져보면 한 달에 대략 합성은 2만 원, 천연은 3만5천 원 꼴이다. 엽산에 비해 만만한 가격은 아니다. 위가 약한 사람은 반드시 천연 철분을 먹어야 하지만, 그렇지 않다면 합성 철분도 무방하지 않을까 싶다. 나도 처음에는 천연을, 나중에는 합성을 먹었다. 합성 철분은 보건소에 임산부 등록을 하면 무료로 나눠준다. 지역에 따라서는 엽산도 나눠주니 한 번 확인해보자(이렇게 쓰고 나니 철분제에 대한 경고성 기사가 쏟아져 나왔다. 이에 따르면, 천연 철분도 동물성보다는 식물성이 더 안전하다. 식물성이라도 합성 철분은 작게는 변비부터 크게는 심장질환과 각종 암을 유발할 수 있다. 의사 처방을 받은 철분제일지라도, 최종 판단은 결국 임산부가 내리는 수밖에 없을 것 같다).

철분제를 먹으면서 임산부에게 필요한 영양소를 모아놓은 '임산부 전용 영양제'도 먹는 사람이 있는데, 성분을 잘 보면 철분과 엽산이 포함되어 있다. 군이 중복해서 먹을 필요가 없다는 말이다. 칼슘과 철분은 흡수되는 통로가 비슷해서, 같이 먹으면 흡수율이 떨어진다고 들었다. 그럼에도 둘 다 복용해야 한다면 칼슘제는 식전에, 철분제는 식후에 먹는 것도 방법일 것이다. 아, 철분제를 먹기 시작하면 변이 검은빛을 띤다. 당연한 변화이므로 너무 놀라지 마시길.

담당 의사는 균형 잡힌 식사로도 필수 비타민과 미네랄

을 충당할 수 있으니 영양제를 지나치게 맹신하지 말라고 조언했다. 해서 나는 운동하는 셈 치고 자주 장을 봐 음식을 만들어 먹었다. 가끔 맛있고 괜찮은 요리가 나오면 지인들을 불러 함께 먹었다. 혼자 먹는 밥보다 좋은 사람들과의 즐거운 식사가, 때로는 산모의 천연 영양제가 될 수 있다.

멋도 건강 생각하면서 부려야

임신을 하니 자연스럽게, 지금껏 아무렇지도 않게 해왔던 모든 행위들을 하나하나 점검하게 됐다. 가장 먼저 일상생활 중에 노출되는 화학물질에 대해 재고했다. 화장품은 괜찮을까. 누군가는 미백이나 주름개선 크림에 포함된 레티놀 성분이 안 좋다고 하던데 진짜 그런가. 매니큐어, 페디큐어는 또 어떨까. 병원에 간 김에 의사에게 물어보았다. 상관없단다. 임신 후에 피부 트러블이 생겼으면 모를까 평소에 쓰던 화장품이야 발라도 괜찮다고, 레티놀이 태아 기형을 유발하는 건 사실이지만 먹는 것도 아니고 바르는 정도로는 크게 걱정할 필요가 없다고 했다. 그래도 왠지 찜찜해서 레티놀 제품은 치우고 기초화장품만 발랐다. 그 때문에 기미랑 주름살이 더 생기면 어쩌나 걱정했는데 웬걸. 살도 찌고, 워낙 잘 먹고 잘 쉬기고 하, 여기에 호르몬이 영향을 더하면서 오히려 '피부 미인'으로 거듭났다.

미용실 가는 것도 꺼려졌다. 파마든 염색이든 독한 약이 아기한테 안 좋을까 싶어서였다. 나는 약간 곱슬머리라 몇 달마다 파마를 해서 머릿결을 정돈하지 않으면 안 된다. 하지만 임신한 후로는 눈 딱 감고 미용실 출입을 끊었다. 후기로 가면 실상 머리하러 몇 시간씩 앉아 있지도 못한다. 부스스해진 머리는 그냥 질끈 묶었다. 덕분에 비싼 파마 비용은 절약할 수 있었지만, 남모를 아픔(?)도 감내해야 했다. 헤어스타일을 다채롭게 연출하지 못해서 스타일이 안 산다거나, 그래서 좀 못나 보이는 것은 일도 아니었다. 문제는 흰머리를 감출 방법이 전혀 없다는 것이다! 이게 다 아이를 위한 거니 어쩔 수 없지 하면서도, 갑자기 몇 년은 훌쩍 늙어버린 듯 서글픈 기분이 드는 건 사실이었다.

복장도 달라졌다. 초기에는 배도 안 나오고 몸도 큰 변화가 없는데 이상하게 낮은 신발부터 찾게 됐다. 키가 작아서 대학생 때부터 6센티미터 아래 굽은 쳐다보지도 않던 내가 말이다. 막상 신어보니 굽 없는 신발도 그리 나쁘지 않았고, 다리가 굵고 짧아 보이는 건 아닐까 하는 걱정도 괜한 기우였다. 다만 실수는 임신 초기에 비싼 단화와 운동화를 여러 켤레 사놓은 거였다. 봄에 잘 신고 다니던 단화는 여름이 되자 젤리슈즈로 바뀌었고, 가을이 돼서 다시 신으려고 보니 발이 부어 들어가지가 않았다. 결국 값비싼 단화는 봄철만큼이나 짧은 서비스 기간을 자랑하고 신발장에 고이 들어앉았다.

임신이 진행되면서 몸이 어떻게 변할지 모르는 일이다. 붓기가 거의 없는 사람이 있는가 하면, 같은 사람 맞나 싶을 정도로 퉁퉁 붓는 사람도 있다. 본인이 어느 경우에 해당될지 모르니,

상황에 따라 그때그때 물건을 사들이는 게 현명할 것 같다.

이렇게 저렇게 하다 보면 결국 멋 부리는 일은 모두 중단된다. 신세가 처량하기도 하고 짜증도 난다. 하지만 달리 생각해 보면 머리가 어쩌네, 몸매가 어쩌네, 화장을 안 한 얼굴은 매너가 아니네 등등, 여성에게만 유난히 엄격한 사회적 시선에서 이때만큼 자유로운 시기도 없다. 그동안의 구속에서 벗어나 잠시라도 해방감을 만끽하시길.

동치미 국물만 생각나던 나날

입덧   Q

서양에서는 입덧을 '아침병(morning sickness)'이라고 한다. 아침 공복에 증상이 더 심해지기 때문이다. 동서양을 막론하고 입덧하는 모양새는 다 비슷한가 보다.

임신 초기에 나타나는 구토 증세, 즉 입덧은 사람마다, 체질에 따라 다르다. 딸들은 엄마 체질을 닮는다는 말이 있어서 여쭤봤더니, "오래돼서 생각이 안 난다"는 답변이 돌아왔다. 생각이 안 날 정도로 스리슬쩍 넘어갔다는 뜻일까. 여하튼 나도 입덧이 그리 심하지 않았다. 약간 속이 미식거리면서 토할 것 같다가 진정되는 정도? 먹은 걸 다 토하다 못해 위액까지 토해내고, 물조차 삼킬 수 없어서 영양제와 입덧주사까지 맞았다는 체험담에 비하면 입도 뻥긋 못할 수준이었다. 심지어 이 상태가 임신 기간 내내 지속되었다는 '9개월 입덧' 괴담도 있으니, 이만하기를 그저 감사할밖에. 간혹 "그래도 입덧하면 맛있는 거 많이 먹고, 남편에게 대우도 받고 좋지 않나?" 하는 사람이 있는데, 속 모르는 소리는 하지도 말자.

입덧이 심하지는 않았어도 일상을 꾸리는 데 지장을 좀 받았다. 일을 할 때는 퇴근하고 돌아와 밥을 차려 먹는 것 자체가 힘들었다. 특히 음식을 조리할 때 나는 냄새가 역해서, 냉장고에 든 걸 데우는 것만으로도 고역이었다. 가뜩이나 입맛이 없고 혼자 먹으려니 흥도 안 나는데도, 어떻게든 먹어야 한다며 꾸역꾸역 밀어넣었던 것 같다.

일을 놓고 나서 집에 들어앉았을 때는 뭘 먹어야 할지 막막했다. 그동안 열심히 살림을 했던 것도 아니고, 처음에는 삼시 세 끼를 어떻게 챙기나 싶었다. 부모든 형제든 친구든, 꼭 나를 보살펴주지 않더라도 옆에 있어줬으면 하는 생각이 간절했다. 하지만 다 꿈같은 일, 현실적인 대책을 찾아야 했다. 우선 조리하지 않으면서도 혼자서 먹기 쉬운 식단을 짰다. 식사도 속이 비지 않도록 조금씩 나눠서 했다. 개인적으로는 이때 매콤, 상큼한 음식이 입에 잘 맞았던 것 같다. 김치가 정말 맛있었고, 동치미는 환상이었다. 봄에서 여름까지는 동치미 국물에 만 국수가 거의 주식이었다. 개중 맛있는 집에서는 따로 국물만 얻어다 먹기도 했다. 심부름은 당연히 남편의 몫이었는데, "임신한 아내가 이 집 동치미 국물 맛을 못 잊어서요……"라고 말끝만 흐려도 인심 좋은 어르신들이 듬뿍듬뿍 담아주셨다.

입덧이 끝나면, 역시 사람마다 차이는 있지만, 그동안 못 먹은 한이라도 풀듯 식욕이 마구 당긴다. 자다 말고 일어나 이것저것 있는 반찬을 다 쓸어 담은 비빔밥을 한 솥 만들어 먹은 적도 있다. 이때 남편은 '5분 대기조'가 되어 임산부가 주문하는 음식을 척척 대령해야 한다. 새벽에 잘 떠지지도 않는 눈으로 바짓가랑이에 다리를 넣다가, 내일 사다주겠다고 할까 갈등하는 사람도 있을 텐데 기억하시길. 입덧은 짧지만 원망은 오래간다.

임산부는 임산부대로 잊지 말아야 할 게 있다. 비록 아기가 원하는 것이고 먹고 싶은 건 먹어야 하겠지만, 그래도 살이 너무 많이 찌지 않도록 조심해야 한다. 비만은 임신성 고혈압이나 당뇨를 불러올 수 있어서 아이나 산모에게 모두 위험하다.

아직까지 입덧의 원인은 정확히 밝혀지지 않았다. 항간에는 입덧이 심할수록 유산 위험이 적고 아기가 건강해진다고 한다. 힘든 산모를 달래려고 하는 소리려니 했는데, 실제로 35세 이상 고령 산모의 경우 임신 초기 입덧과 구토 증상이 심할수록 유산 위험이 적다는 연구가 있었다. 임신 초기 태반과 태아를 보호하기 위해 분비되는 호르몬이 입덧을 유발하고, 덕분에 잡다한 음식에 든 세균과 기생충이 몸 안에 침투하지 못한다는 내용이다. 신묘하여라, 인간의 몸이여. 이렇게 생각하니 입덧을 하던 내 모습이 어찌나 위대해 보이던지.

주수가 늘어날수록 산모에게는 하나둘 증세가 나타나기 시작한
다. 가장 흔한 게 변비다. 배에 가스가 차서 장이 요동을 치는데,
짧게는 며칠에서 길게는 몇 주까지 화장실을 못 간다(대신 엄청나
게 자주! 방귀가 나온다). 임신 변비는 호르몬의 영향과 태아 때문
에 커진 자궁이 장을 누르면서 생긴다. 입덧 때문에 음식을 잘 먹
지 못하면 장의 활동성이 떨어져서 상태는 더욱 심각해진다. 심
한 경우 치질이 오기도 한다. 괴로움을 견디다 못해 어떤 산모는
글리세린 관장을 했다는데, 글쎄. 임신 초기에 관장은 아무래도
조심스럽다.

　　다행히 나는 변비로 심하게 고생하지는 않았다. 원래 남
부럽지 않은 '쾌변인'인데다, 임신 중에는 의식적으로 시금치, 브
로콜리, 양상추, 미역, 다시마 등 섬유질이 풍부한 식품과 과일을
정말 많이 먹었다. 물도 하루 권장량 2리터를 채웠고, 철분제와
칼슘제 때문에 변비가 생길락 말락 할 때는 복용 횟수를 조정하
거나 제품을 바꿔보기도 했다.

　　변비와 함께 다리뭉침도 자주 나타난다. 흔히 '쥐가 난다'
고 표현하는 그 증상이다. 엄마가 임신 때 하지정맥류가 생겼다
고 해서 나도 걱정이 좀 됐는데, 아니나 다를까 하루가 멀다고 다
리가 뭉쳤다. 초기에는 그나마 덜했지만 후기로 갈수록 횟수도
늘고 강도도 점점 세졌다. 짬날 때마다 높은 곳에 다리를 올려두

고, 약간 땀이 날 정도로 유산소 운동을 하고, 근육과 관절을 부드럽게 해주는 스트레칭과 임산부 요가를 겸했는데도 별 소용이 없었다.

다리뭉침은 주로 남편이 아침 일찍 출근한 다음에 나타났다. 혼자 괴로움에 발버둥 치며 일어났다가, 진정이 되고 나면 맥이 풀리고 진이 다 빠져서 다시 잠들곤 했다. 그런데 어느 날에는 밤에 다리가 뭉쳤다. 발가락이 제각각 돌아가고, 종아리 근육이 뒤틀리며 엄청난 고통이 밀려왔다. 비명소리에 남편이 벌떡 일어나 앉아 다리를 주물러주었다. 만날 말로만 듣다가 직접 보니 보통 일이 아니다 싶었나보다. 지금도 부부싸움을 하다가 "밤에 쥐 나서 잠도 못 잤는데!"라고 하면 무조건 사과를 한다.

면역력이 떨어지면서 나타나는 현상도 있다. 임신 초기 산모의 면역체계는 태아를 '이물질'로 간주하지 않고 받아들일 수 있도록 면역력을 평소 절반 이하로 떨어뜨린다. 그 덕에 전에 없던 것들이 생기기 시작한다. 나는 몸 여기저기에 물사마귀가 잔뜩 돋았다. 보기에 영 좋지 않았지만, 혹여 아기에게 나쁜 영향을 줄까 봐 치료할 생각도 없이 온몸으로 번져나가는 걸 속절없이 지켜보았다. 그 자국이 지금도 남아 있다. 사실 신경이 좀 쓰이는데, 아기를 지키다 얻은 '영광의 상처'로 받아들이기로 했다. 정 보기 싫으면 나중에 피부과 시술을 받아도 되니까.

대개 임신 초기에는 졸리고 나른하고 피곤하다가, 상태가 안정되는 중기에 들어서는 활동성이 돌아온다. 몸은 아직 가볍고 변화도 크지 않아서 임산부에게는 이때가 가장 편한 시기다. 그러다 후기로 접어들면 몸이 붇고 배도 많이 나오면서 변비가 심해지고, 허리와 골반에 무리가 가면서 통증이 찾아온다. 그런데 나는 임신 초기부터 허리가 끊어질 듯 아팠다. 똑바로 누워 잘 수가 없을 정도였다. 다리 사이에 베개를 끼우고 모로 누워, 시간마다 뒤척이며 간신히 잠을 청했다. 병원에서는 임신 초기 증세이니 걱정하지 말라고 했지만, 불행히도 그 상태가 출산 때까지 지속되었다.

언젠가부터 슬슬 엉덩이도 아파왔다. 매일 옆으로만 누워 자니 어깨도 아팠다. 중기부터는 무게중심이 뒤쪽으로 쏠리면서 뒤꿈치가 저리기 시작했다. 매일 움직이며 일을 해서 그런지 다리 부종도 심했다. 통증 부위는 나날이 넓어졌고, 막달에 이르자 온몸이 아프지 않은 곳이 없었다. 그렇다고 파스를 붙일 수도, 찜질방에 가서 몸을 지질 수도 없는 노릇. 괴롭지만 출산하면 괜찮겠지 하며 참아냈다. 그러나 아뿔싸. 출산 때 진통이 허리로 올 줄은 생각조차 못했다. 그뿐인가. 육아가 한창 힘들 무렵 산후풍까지 허리로 왔다. 지금도 컨디션이 안 좋을 때면 가장 먼저 허리가 뻐근하게 아파온다. 마사지도 많이 받았지만 크게 효과를 보지는 못했다.

이 모든 게 평소 체력관리를 제대로 못한 탓이 아닌가 싶다. 생명을 하나 만들고 키우는 데는 희생이 따른다. 특히 산모가 짊어져야 하는 체력적인 부담과 고통이 어마어마하다. 그렇다고 누구와 나눠질 수도 없다. 아무리 힘들어도 혼자 오롯이 감당해야 한다. 노산이건 아니건 준비가 필요한 이유다.

준비한 만큼 정신적·육체적 고통은 확실히 줄어든다. 나와 같은 나이에 출산한 후배는 자연분만으로 너끈히 아이를 낳았고, 지금도 산후풍 없이 잘 지내고 있다. 타고난 체력도 있겠지만, 들어보니 정말 열심히, 꾸준하게 운동을 했다고 한다. 하루 종일 아이와 놀아주고도 쌩쌩한 후배를 보니 안일했던 지난날이 회한이 되어 밀려왔다. 그러니 여성들이여, 부디 시간 있을 때 건강한 몸 만들기에 주력하시길. 아기를 낳고 키우는 것도 그렇지만, 나이 들어 신나게 놀거나 밤새 일을 하려 해도 체력이 뒷받침돼야 가능하답니다.

알고도 속는 기분

초음파 사진 CD   🔍

병원에서 처음 초음파 사진을 찍은 날, 간호사가 사진을 CD에 저장할 거냐고 물었다. 비용은 8천 원. 큰돈도 아니고 해서 그러겠다고 했다. 그런데 이게 한 번 하고 마는 게 아니라, 초음파를 받을 때마다 계속해서 장면을 업데이트 해주는 것이었다. 서비스의 주체도 병원이 아니고 병원과 계약을 맺은 업체였다. 그래서 처음에는 CD를 컴퓨터에 넣고 회원 등록을 해야 한다.

아이의 성장과정을 기록하는 게 좋았고, 무엇보다 멀리 계신 부모님들과 공유할 수 있다는 점이 마음에 들었다. 그런데 병원에서 알려주지 않은 사실이 하나 있었으니, 내 정보가 마케팅에 이용된다는 것이었다. 서비스에 가입하고 나서 광고성 이메일과 상품가입 안내전화가 오기 시작했다. 전부 출산과 관련한 내용이라 내 경우에는 꽤 도움이 되었다. 하지만 자기 정보가 여기저기 도용되는 게 싫은 사람, 이런 식의 마케팅이 탐탁지 않은 사람은 서비스를 신청할 때 신중해야 할 것이다.

혹시 모를 일들에 대비하며

제대혈, 태아보험   🔍

그때 받은 마케팅 전화 중에 태아보험 안내가 있었다. 매월 5만 원 내외를 내면 아이가 태어날 때 혹시 발생할 수 있는 응급상황에 대비하고, 태어난 후에는 병원에 갈 때마다 비용이 나오고, 아이가 80~100세가 될 때까지 보장해준다는 내용이었다. 원래 보험 가입 권유를 받으면 정중하게 거절하곤 했는데, 내 아이 일이라고 생각하니 매몰차게 굴기 어려웠다. 그래서 남편과 상의를 해보겠다고 말하고 일단 전화를 끊었다.

어린이보험에 태아와 관련한 특약이 들어간 것을 태아보

험이라고 한다. 보험사마다 약간씩 차이가 있지만 대개가 그렇다. 노산의 불안과 공포를 완전히 떨쳐낼 수 없는 나는 들자고 했다. 남편은 어차피 돈을 들인다면 원금 보장이 안 되는 상품보다, 목돈을 만들 수 있고 의학적으로도 보상이 가능한 상품이 낫지 않겠느냐는 입장이었다. 제법 오랫동안 이 문제를 놓고 고민하다가 결국 팟캐스트에 보험 전문가를 불러다 이야기를 들었다.

결론부터 말하면 태아보험은 드는 게 좋다. 혹시라도 아이가 문제를 안고 태어나면 그 후에는 보험 가입이 안 되기 때문에, 가장 긴 보장기간으로 들어놓고 평생 유지하는 것이 합리적이다. 건강한 아이가 태어난다면 그다음에 값싸고 적절한 보험으로 갈아타면 된다. 보험이라는 게 원래 '혹시 모를 일'에 대비하는 것이므로, 보험료가 아깝거나 가지고 있는 돈이 많아서 굳이 보상이 필요 없다면 들지 않아도 된다.

한 가지 재미있는 점은 태아보험에 대해 엄마들은 대개 들자는 의견을, 아빠들은 대개 들지 말자는 의견을 낸다고 한다. 아무래도 임신 당사자인 엄마는 안정 쪽에, 관찰자인 아빠는 실리 쪽에 더 무게를 두는 게 아닌가 싶다. 우리 집은 양측의 의견을 모두 존중하여, 제대혈과 나중에 목돈 마련이 가능한 변액보험상품을 구입하는 것으로 합의를 보았다. 다행히 건강한 아기가 태어나 후회 없는 선택이 되었다.

제대혈 보관은 남편이 출산준비박람회에서 직접 상담하고 신청했다. 제대혈(cord blood)은 출산 때 탯줄에서 나오는 혈액으로, 백혈구, 적혈구, 혈소판 등을 만드는 조혈모세포와, 연골과 뼈, 근육, 신경 등을 만드는 간엽줄기세포를 많이 갖고 있는 것으로 알려져 있다. 1988년 프랑스에서 제대혈에서 뽑아낸 조혈모세포를, 백혈병과 척추기형을 일으키는 '판코니빈혈'을 앓고 있는 다섯 살 아이에게 이식해 성공적으로 치료한 이후 난치병 환자에 대한 보편적인 치료법으로 자리 잡았다.

비슷한 시기 한국에서도 제대혈 보관 신청을 하는 사람이 크게 늘었다. 신청서를 작성하면 키트를 하나 주는데, 가지고 있다가 아이를 낳을 때 병원에 제출하면 의사들이 분만 후 알아서 보관해준다. 보관기한은 10~15년, 비용은 100~150만 원 선이다.

사실 나는 부모가 아이를 위해 하는 일이면 무엇이든 반대할 생각은 없다. 단지 제대혈을 두고 한편에서는 '기적의 치료제'로 칭송하는 반면, 다른 한편에서는 '얼음쓰레기'라며 유효성에 의문을 품고 있다는 것만은 알아두자. 판단은 또다시 부모의 몫이다. 나는 우리 아이가 백혈병 같은 난치성 질환에 걸렸을 때, 제대혈이 있으면 한 가닥 희망이라도 품을 수 있지 않을까 싶어 보관을 신청했다.

이런 결정들은 단순한 출산준비가 아니라, 부부가 함께 아이의 미래를 구체적으로 고민한다는 점에서 의미가 깊다. 혹여나 이 과정에서 남편과 의견이 엇갈린다고 서운해 말자. 그 역시 뱃속 아기에 대한 책임감이자, 걱정 없이 잘 자라기 바라는 마음의 표현일 것이다.

국민행복카드   Q

한때 '고운맘카드'로 불렸던 국민행복카드는 정부가 마련한 출산 장려정책의 일환으로, 예비 산모가 부담해야 하는 출산 관련 비용을 국가가 보조해주는 일종의 바우처voucher 제도다. 한도는 50만 원(쌍둥이 등 다태아는 70만 원). 1회에 사용할 수 있는 금액은 6만 원 이내고 횟수 제한은 없다. 만약 병원비로 7만 원이 나왔다면 본인 부담금으로 1만 원만 내는 구조다. 산부인과 말고도 치과, 한의원, 동물병원, 약국 등 각종 의료기관과 아기용품 온라인 쇼핑몰, 유아원, 놀이공원, 서점, 카페 등에서도 할인 및 적립이 가능하다.

      이 카드가 있다는 것은 병원에서 말해줘서 처음 알았다. 임신 3개월쯤 안정기에 접어들자 병원에서 임신확인증을 발급하며 안내해주었다. 임신확인증을 받으면 가깝거나 자주 이용하는 건강보험공단지사, 삼성카드(신세계, 새마을금고), 비씨카드(기업은행, 농협, 대구은행, 부산은행, 경남은행, 우체국, SC제일은행, 수협, 제주은행, 광주은행, 우리은행), 롯데카드(롯데카드센터)에 문의해 카드를 발급받으면 된다. 신분증과 함께 임신확인증을 제출하면서 "국민행복카드 만들러 왔다"고 하면 바로 신청서 작성을 안내해준다. 일반적으로 사용하는 카드와 사용법은 똑같은데, 바우처 기능이 추가돼 있다고 생각하면 된다. 체크카드와 신용카드 중 한 종류를 택해 신청서를 쓰면 일주일 안에 배달되어 온다.

임신 후 산모 한 명이 검사 비용으로 쓰는 금액이 약 200만 원이라고 한다(고령 산모는 이보다 더 들 것이다). 50만 원이 적어 보여도 전체의 4분의 1에 달하는 액수다. 초음파 10번은 너끈히 받을 수 있다. 사용기간은 출산 예정일로부터 60일까지이므로, 몰라서 놓치는 일 없이 잘 활용하도록 하자.

보다 자세한 정보는 보건복지부콜센터(국번 없이 129번)에 문의하거나, 각 은행에 국민행복카드로 문의해보시길.

임신 초기, 아빠는 뭘 해야 할까

나는 아이가 둘이다. 30대 후반에 첫째를 낳았고, 이후 몇 년을 고심한 끝에 둘째가 생겼다. 첫째와 둘째는 준비과정부터 확연히 달랐다. 경험은 없는데 '노산이라 임신이 안 될 수도 있다'는 불안이 가득했던 첫째 때, 아내는 수시로 임신테스트기를 갖다 대는 게 일이었다. 이렇게 소모된 테스터기만 수십 개. 값으로만 수십만 원이다. 어차피 일주일이 지나야 정확한 판단이 가능해지는데, 엄마의 마음은 아빠와 많이 다른 것 같았다. 솔직히 돈이 좀, 많이 아까웠지만 아내의 심정을 헤아려 아무 말 안 했다. 그렇게 1년 반 만에 첫째를 가졌다.

반면 둘째 때는 아주 여유로웠다. 준비과정도 차분했고, 임신테스트기도 매달 하나밖에 사지 않았다. 확인 결과 한 줄이 나와도(두 줄이 나와야 임신이다) "다음 달에 또 하면 되지" 하고 대수롭지 않게 넘겼다. 그래서인지 오히려 둘째는 생각보다 쉽게 임신이 되었다.

어느 봄날 아침, 침대에서 첫째와 뒹굴고 있는데 화장실에서 아내의 목소리가 들려왔다. "나 임신한 것 같아!"라는 말에 "정말? 와, 축하해!" 하고 대답하면서 남모르게 안도의 한숨을 내쉬었다. 40대의 '밤일'은 30대 때와는 완전히 다른 세상이라, '아이고야~' 소리가 절로 나는 것을 겨우겨우 참고 지내온 터였다. 임신이 되었다고 하니 이제 좀 살 것 같았다. 늑대 역할이 마침내 끝나고 온순한 양이 될 시간이었다.

아내와 솔직한 대화를 하자

그놈의 대화, 언제까지 계속하는가 싶겠지만 이때의 대화가 정말 중요하다(게다가 부부간 대화는 평생 할 일이다). 첫아이일 경우, 그동안 추상적으로 흐를 수밖에 없던 대화가 구체성을 띠기 시작한다. 둘째는, 아무래도 첫째 때보다 감흥이며 관심이며 줄기 마련이라 아내가 서운해 하기 쉬운데, 대화를 통해 '관심이 있다'는 것을 알려줘야 한다.

그렇다면 무슨 이야기를 해야 하나. 우선 서로의 감정을 허심탄회하게 공유하는 것부터 시작하자. 엄마는 기쁘고 불안한 마음을, 아빠도 기쁘면서도 부담되는 심정을 토로하는 것이다. 내 경우 그토록 아이를 기다려왔는데도, 막상 아빠가 된다는 이야기를 들었을 때 '덜컹' 하는 기분이 들었다. 이제는 정말 돌이킬 수 없구나, 한 아이의(어쩌면 아내까지 두 명의) 인생 전부가 나한테 달렸구나 생각하니 순간 가슴이 답답해졌다. 하지만 마냥 기뻐하는 아내 앞에서 차마 표현할 수가 없었는데, 어느 날 낌새를 채고 아내가 먼저 물어왔다.

"당신은 아이가 생긴 게 별로 안 좋아요?"

그제야 나는 솔직한 감정을 조심스럽게 털어놓았다. 아주, 아주 조심스럽게. 속 깊은 아내는 선선히 이해해주었고, 부부 사이는 전보다 더 돈독해졌다.

돈 문제 같은 것도 미리 이야기해두는 게 좋다. 아이를 갖는다는 건 어쨌거나 '내 몫'의 지출이 준다는 뜻이고, 아내가 잠시 동안의 육아휴직이든 완전한 퇴사든 해야 하기 때문에 이전보다 삶의 여유가 준다는 뜻이다. 우리 집은 둘째까지 낳는 바람에 조금 더 가난해져야 했다. 따라서 전반적인 재정을 점검하고, 소비 패턴과 항목을 정비하고, 앞으로의 내핍을 각오하는 일이 필요하다. 출산 이후 상황이 꼭 계획대로 풀리리라는 보장은 없지만 말이다.

초기에는 되도록 입단속을

첫아이를 임신하고 8주차 저녁에 아내가 하혈을 했다. 유산인가,

덜컥 겁이 났지만 괜찮을 거라고, 아빠를 닮아 생명력 하나는 끈질길 거라고 아내를 다독였다. 이튿날 날이 밝는 대로 병원에 갔는데 다행히 유산은 아니었다. 의사는 착상혈이 남아 있다가 새어나오는 것 같다며, 시간이 지나면 괜찮아질 거라고 말했다. 나는 "거봐, 내가 괜찮을 거라고 했잖아요"라며 웃었는데, 돌이켜보면 생리가 뭔지도 몰랐던 무식쟁이 시절이라 가능한 호기였던 것 같다.

임신 초기에는 위기 상황이 언제 어떻게 닥칠지 모른다. 그렇다고 딱히 할 수 있는 일은 없다. 겉으로 반응이 나타날 때는 이미 결론이 난 상태다. 의학이 많이 발달했다고는 하지만 아직 한계가 있다. 만약 아내가 어렵게 가진 아이를 유산했다면, 쉽지 않겠지만 나부터가 자연스럽고 불가항력인 일로 받아들이고 마음을 편하게 갖도록 노력하자. 괜한 위로랍시고 아내에게 "아이가 크기 전에 그렇게 된 게 다행이야" 같은 말은 하지 않도록 주의하자. 될 수 있는 한 아내를 자주 안아주고, 밥은 잘 먹는지 기분은 괜찮은지 컨디션도 세심하게 챙기자. '애도기간'이 생각보다 길다고 해서 눈살을 찌푸리는 등 지겹다는 반응을 보여서는 절대 안 된다. 아이가 있는 아빠는 주말에 동반 외출을 해서, 아내에게 혼자만의 시간을 주는 것도 좋다.

아무튼 초기에는 될 수 있는 한 주위에 자랑하지 않았으면 한다. 당연히 축하받을 일이지만 안정된 후에 말해도 늦지 않다. 알리는 순서도 처가를 우선으로 하고, 본가는 조금 늦게 말하는 게 좋다. 역시 문제가 생겼을 때를 대비한 처사다. 혹시라도 아이가 잘못되면 아내는 시부모에게 죄송한 마음을 갖기 마련이다. 이때 남편이 교통정리를 제대로 하지 않으면 고부관계는 물론이고 부부관계도 틀어지게 된다. 유산이 되면 어쨌거나 아내가 제일 힘들다.

입덧하는 시기에는 남편의 센스가 필수

임신 초기에 아내가 입덧이라도 한다면 지옥에서 한철을 보낼 각오를 해야 한다. 아내가 첫애를 임신한 때는 8월이었다. 도처에서 음식물 쓰레기의 썩은 내가 진동했다. 입덧이 매우 심했던 아내는 툭하면 '욱, 욱' 거리며 화장실로 달려가야 했는데, 곁에서 지켜보는 것만으로도 괴로울 정도였다.

"임신 중인데 이렇게 계속 토하면 몸이 남아날까? 잘 먹어야 아이도 건강하고 산모도 힘이 날 텐데."

보다 못한 내가 눈치 없이 한마디 툭 던졌다. 변기를 붙들고 토하던 아내가 고개를 홱 돌리더니, 눈물이 그렁그렁 맺힌 눈으로 쏘아보며 말했다.

"누군 이러고 싶어서 이러는 줄 알아? 나도 정말 힘들어!"

지당한 말이었다. 머쓱해진 나는 조용히 더러워진 변기를 청소하는 것으로 미안한 마음을 대신했다.

아내가 임신하는 순간부터 남편은 눈치가 빨라져야 한다. 특히 초기에는 호르몬 때문에 신경이 더욱 예민해지는 만큼 '알아서' 잘해야 한다. 평소 아내가 챙겨주는 것을 당연히 여기며 손가락 하나 까딱 않던 남편이라도, 이때만큼은 바지런히 몸을 움직여 청소도 하고, 빨래도 돌리고, 침구도 햇볕에 널어 바싹 말리고, 죽도 끓여 대접하도록 하자(직접 만들지 못하겠으면 잘하는 집에서 사다라도 주자). 나는 비린내가 난다며 물도 마음껏 못 넘기던 아내를 위해 레몬수를 만들어주었는데, 반응이 괜찮았다. 아, 삼겹살집에서 회식하고 들어온 날은 집에 돌아오자마자 꼭! 샤워부터 하자.

아내가 먹고 싶다는 음식이 있다면 밤낮을 가리지 말고 즉각 대령하고, 다녀온 사이 마음이 변했더라도 울컥하지 말자. 아내가 힘들면 짜증이 나고, 그 영향은 남편은 물론 태아에게로도 간다. 아무리 사소하게 느껴져도 아내의 요구는 가급적 들어주도록 하자.

큰애가 있는 집은 아이를 어린이집에 데려다주거나 함께 놀아주고, 주말마다 밖에 나가 조금이라도 아내를 편하게 해주자. 큰애라고는 하지만 아직 아기라, 아빠가 아무리 안아줘도 엄마한테 매달려 보채는 일이 많다.

2.
임신
중기

혹여나 잘못될까 예민하고 불안했던 임신 9주차를 무사히 지내고 나면 '임산부의 황금기'라는 중기로 접어든다. 입덧이 끝나면서 정신적인 스트레스도 줄고, 감기몸살이 온 것처럼 미지근하게 불편했던 몸도 제 컨디션을 찾으며 안정된다. 이 시기에 산모는 비로소 아이를 가진 즐거움을 차분히 만끽할 수 있다. 아기와 산모의 스토리는 이때부터 본격적으로 만들어진다.

이것이 나보다 앞서 임신과 출산을 경험한 선배들의 한결같은 경험담이다. 몸과 마음이 모두 안정돼 영화관에 한두 시간 앉아 있어도 괜찮다고, 오히려 몸이 가벼워져서 활동에 제약이 없다고, 근교 나들이도 문제없다고. 의사도 같은 소견을 내놓았으니 전문성까지 획득한 발언이었다. 그래서 임신 초기에 입덧 아닌 입덧으로 고생할 때마다, 허리가 부러진 것처럼 아플 때마다, 시간이 어서 지나 중기에 접어들었으면 했다. 그러나 웬걸, 나에게 그런 날은 영영 오지 않았다!

　뭐가 문제였을까. 나이? 체력? 체질? 아니면 이 모든 것? 여하간 임신 2~3개월부터 시작된 통증은 막달까지 지속되었다. '9개월 입덧'만큼이나 무서운 '9개월 동통'이었다고나 할까.

기쁜 소식을 이제 알려도 되겠지

임신 초기, 고령 산모는 매주 병원 가는 게 일상이다. 초음파로 아기 상태를 확인하면서, 그사이 이만큼 컸고 손발이 생겼고 상태는 양호하다는 확인을 받으면 1주간의 불안이 말끔히 가신다. 그런데 중기에 접어들면 병원 가는 횟수가 2주에 한 번, 한 달에 한 번으로 뜸해진다. 좋겠다고? 글쎄. 고령 산모로서 매주 확인하던 걸 한 달에 한 번만 확인하려니 궁금하기도 하고, 조바심이 나기도 하고, 불안하기도 하고 그랬다. 그렇다고 건강염려증 환자처럼 시도 때도 없이 찾아가 확인해달라고 조를 수도 없는 노릇이었다. 하지만 결과적으로 나는 중기에 접어들고서도 초기만큼이나 병원에 자주 갔다. 어떤 날은 배가 뭉쳐서, 어떤 날은 하혈을 해서, 어떤 날은 가슴 통증이 생겨서. 조금이라도 이상한 낌새가 감지될 때마다 초음파로 아이 상태를 확인했다. 누군가는 초음파를 많이 받으면 아이에게 안 좋다고 하는데, 당시는 그런 얘기에 신경 쓸 겨를이 없었다.

상황이 이렇다 보니 어디 가서 함부로 임신했다는 얘기를 할 수 없었다. 지난번 유산 때 아마도 크게 상심하셨을 어른들께는 더더욱. 해서 이번에는 병원에서도 그렇고 스스로도 그렇고, 정말로 안정기에 접어들었다는 확신이 설 때까지 주위는 물론 양가 부모님들께도 철저히 비밀에 부쳤다. 조심 또 조심하며 집에만 틀어박혀 문안인사조차 드리러가지 않았다. 집안 대소사도 일을 핑계 대고 남편만 보냈다.

시댁이야 워낙에 멀리 있으니 전화만 드려도 괜찮았는데, 서울에 있는 친정은 사정이 달랐다. 가뜩이나 몸이 안 좋으신 엄마는 오랫동안 코빼기도 안 보이는 딸에게 살짝 서운하셨던지, 자꾸만 밥이라도 먹게 한번 오라고 성화를 부리셨다. 나중에 말씀을 들으니 혹시 집에 무슨 일이 있나, 아이가 안 생겨서 남편과 사이가 틀어진 건 아닌가 오만 가지 생각이 다 드셨다고 한다. 하는 수 없이 엄마에게만 살짝 귀띔을 했다. 정확한 건 아닌데 임신 가능성이 있어서 조심하느라 집에만 있으려 한다고. 원래 속에 말을 담아두거나 거짓말을 못하는 성격이라, 털어놓고 나니 속이 다 후련했다.

어쨌거나 나름 '서프라이즈'가 된 터라 나는 엄마가 깜짝 놀라 축하해줄 거라고 예상했다. 괜히 일한다고 밤늦게 다니지 말라, 몸조리 잘 해라, 먹고 싶은 거 있으면 말해라 등등 한바탕 잔소리도 각오했다. 하지만 엄마는 특별한 반응 없이 말을 아꼈다. 더 이상 오라는 말씀도 하지 않으셨다. 지난번 일 때문이겠지……. 기쁘게 해드리겠다는 짧은 생각으로 부모님께 걱정만 더 해드린 것 같아 다시 한 번 죄송했다.

안정기가 되어 의사에게 '괜찮다'는 말을 듣고 나서 시댁에 전화를 드렸다. 시부모님도 이번에는 서둘러 기뻐하지 않으셨다. 내색하지는 않아도 마지막까지 조마조마, 긴장을 늦추지 못하셨던 것 같다. 지금은 그 피 마르던 시간을 예쁜 손자가 보상하고 있으니, 얼마나 다행인가.

혹시, 우리 아이가 잘못되지는 않을까?

기형아 검사, 양수검사　　　Q

천천히 해도 되지만 매도 먼저 맞는 게 낫다고, 지금 말하는 게 좋겠다. 사실 나 같은 고령 산모들이 쉽게 입 밖에 내지는 못하지만 임신 내내 드는 걱정이 있다. 바로 기형에 대한 두려움이다. 첨단 의료장비와 전문 의료진은 확률을 말해줄 수는 있을지언정, 예비엄마들의 걱정을 완벽히 해결해주지는 못한다. 아기가 건강한지, 손발은 멀쩡한지, 눈코입이 다 똑바로 달렸는지, 혹시 염색체 이상으로 장애가 있는 건 아닌지……. 시간이 흘러 얼굴 윤곽이 또렷해질수록, 신체 부위가 하나씩 생겨날수록 안도의 한숨을 쉬지만, 그래도 마지막까지 조마조마한 마음이 드는 건 어쩔 수 없었다. 더군다나 나 같은 고령 산모는 임신의 기쁨이 반이라면, 아이가 괜찮을지에 대한 걱정이 나머지 반을 차지한다. 의사가 무슨 말을 해도, 뱃속에서 나와 직접 눈으로 확인하기 전까지는 '그래도 몰라……' 하면서 열 달을 보낸다.

이런 사정을 잘 알기 때문에 병원에서도 검사를 권한다. 주로 상태가 안정되고, 태아도 손발이 나와 어느 정도 사람 꼴을 갖추는 임신 14~17주 즈음이다. 나도 13~14주에 양수검사를 권유받았다. '평범한' 임산부라면 피검사나 융모검사부터 시작하겠지만, 나처럼 고위험군에 속하는 고령 산모는 이 단계를 건너뛰고 곧장 양수검사로 들어간다. 설령 피검사에서 이상이 없다고 나와도 정확성을 위해 양수검사로 한 번 더 확인한다. 비용도 피검사는 10만 원 안쪽인데 비해, 양수검사는 70~100만 원으로 아주 비싸다(지역에 따라 35세 이상 고령 산모에게 기형아 검사 무료 진단 쿠폰을 나눠주는 곳도 있으니, 가까운 보건소에서 확인해보자). 단지 나이 들어 아기를 가졌다는 이유만으로, 고령 산모는 선택의 여지는 적은 대신 돈이 정말 많이 든다.

양수검사는 말 그대로 산모의 배에 주삿바늘을 찔러서 자궁 안의 양수를 일정량 채취하는 것이다. 양수 안에 떠다니는 아이의 체세포와 DNA 조직을 검사해서 염색체 이상 여부를 판단한다. 특히 다운증후군을 우선으로 확인한다. 항간에는 양수검사와 관련한 괴담이 하나 떠돌고 있는데, 잘못해서 바늘로 아이를 찌르면 문제가 생길 수 있다는 내용이다. 당연히 의사에게 확인해보았다. 담당 의사는 아기 크기가 작은 주수에 검사를 진행

하기 때문에 그럴 일은 '거의 없다'고 말했다. '거의 없다'의 확률
은 제로가 아니다. 결국 판단은 또 한 번 부모의 몫으로 돌아온다.

양수검사를 받을까 말까 정말 많이 고민하다가, 피검사부
터 받으며 애먼 돈과 시간을 낭비하느니 그냥 받기로 결정했다.
비싼 비용만큼이나 검사 규모도 꽤 커서 수술실에서 진행한다.
수술대에 누워 있으려니 괜히 겁이 났다.

"선생님, 아프지는 않나요? 바늘이 자궁까지 들어오는
데요."

의사는 빙긋 웃으며 "주삿바늘이 가늘고, 부분마취도 하
기 때문에 그렇게 아프지 않아요"라고 대답했다. 하지만 검사를
받고 나오면서 나는 속으로 '의사가 거짓말을 했다'고 소리쳤다.
안 아프기는 개뿔, 이렇게 죽겠고만!

검사 후에는 안전하게 처방한 항생제와 낙태방지제를 하
루 두 번씩 먹었다. 아무래도 뱃속에 이물질이 들어갔다 나왔으
니 그렇겠지. 그런데 이게 또 사람을 잡았다. 대체 얼마나 독한
약인지 먹을 때마다 심장이 미친 듯 뛰었다. 전화상담을 하고 나
서 하루에 한 번으로 복용량과 횟수를 줄였다.

양수검사 결과는 좋게 나왔다. 두려움이 한결 줄어든 기
분이었다. 하지만 이제와 생각해보면, 만약 검사 결과가 좋지 않
았던들 내가 대체 뭘 할 수 있었을까 싶다. 아이를 지웠을까. 나
에게 찾아온 이 작은 생명을, 단지 장애가 의심된다고 해서 인위
적으로 없앴을까. 함께 팟캐스트를 진행한 이형기 감독과도 이
문제를 놓고 토론을 해봤는데, 둘 다 "그럴 수 없다"고 입을 모았

다. 아무리 부모일지라도 아이의 목숨을 좌지우지할 권리는 없다고.

결과에 상관없이 아이를 낳아서 기를 생각이라면, 피검사나 양수검사는 생략해도 되지 않을까 싶다. 검사 결과가 좋지 않다면, 그래서 얻을 수 있는 게 기껏 마음의 준비 정도라면, 일찍부터 힘들어질 필요는 없지 않은가. 돈 낭비, 시간 낭비, 몸 낭비해가며 출산 때까지 불행하게 지낼 이유가 대체 뭐란 말인가. 이 감독의 아내도 둘째 때 피검사 결과가 안 좋게 나와 양수검사를 권유받았지만, 진행하지 않았다고 한다(다행히 둘째는 건강하게 태어났다).

결국 부모의 철학이 문제다. 어찌됐든 소중한 내 아이로 삼을 작정이라면, 앞서서 불안해 할 필요도, 걱정할 필요도 없다.

그러니까 태명이 '태명'이에요

내게는 남동생이 둘 있다. 그중 큰동생은 나와 비슷한 시기에 결혼해서 비슷한 시기에 아이를 가졌다. 임신 중기에 접어들었을 무렵, 게으른 우리 부부가 미적대는 사이 동생 내외가 먼저 태명을 지어 가족들에게 공개했다. 이름하야 '깻잎'이. 동생네 텃밭에 여러 채소가 심겨져 있는데, 그중에서 깻잎이 가장 무성하게 잘 자랐다. 아이가 씩씩하게 잘 자라주길 바라는 동생 내외의 마음이 느껴졌다.

그때까지 별 생각이 없던 우리도 태명 짓기에 돌입했다. 사실 어느 정도 배가 불러 겉으로 봐도 임신한 게 태가 나기 시작하면서, 주변 사람들도 자꾸 태명을 물어왔다. 그때마다 "아직 안 지었어요"라고 대답했는데, 더 이상 미룰 수 없을 것 같았다. 우리 아기 태명을 뭐라고 지어야 할까. 축복이, 건강이, 희망이처럼 흔한 건 싫고, 독특하면서도 우리의 염원이 담긴 이름 뭐 없을까. 몇 날 며칠을 남편과 머리를 맞대고 의논해도, 딱 떨어지는 게 나오지 않았다. 그러다 남편이 "그냥 태명이라고 할까? 한자를 붙일 수도 있잖아. 클 태太, 이름 명名, 크게 될 이름(太名). 뭐, 꼭 크게 되라는 건 아니지만 그래도 뜻이 좋으니까" 하고 말했다. 태명이? 오, 제법 괜찮은데? 그래서 우리 아이 태명은 '태명'이 되었다.

태명이라는 이름은 많은 사람들에게 웃음을 주었다. 부모님들도 듣자마자 대번에 웃음을 터트리셨고, 병원이나 만삭 사진을 찍으러 간 스튜디오의 반응도 똑같았다. 대략 전개되는 대화는 이렇다.

"그런데 태명이 뭐예요?"

"태명이요."

내가 잘못 알아들을 줄 알고 상대방은 차분하게 다시 설명한다.

"그러니까 태명이 뭐냐고요. 뱃속 아기 이름."

"태명이에요."

상대는 그제야 깨달음이 밀려오는 표정을 짓는다.

"아, 태명이 태명이에요?"

"네."

"아하하, 정말 재미있는 태명이네요. 보통 태명은 소망이, 행복이처럼 중복되는 게 많거든요. 그런데 이 이름은 정말 처음이에요. 하하하."

위트 있는 태명, 소망이 담긴 태명은 사람들을 미소 짓게 한다. 산후조리원에서 만난 어떤 아기는 태명이 '용녀'였다. 용의 해에 임신한 여자아이구나. 저간의 상황이 일목요연하게 정리가 되면서 절로 웃음이 났다. 신생아실에서 태명이와 나란히 누워 있던 아기는 '태리'였다. 언뜻 태자 돌림처럼 보이지만 한쪽은 한자고 한쪽은 엄연한 영어(?)다. 이태리에 가려던 부부가 아이가 생기는 바람에 계획이 취소되자, 여행지에서 느꼈을 기대와 행복감을 담아 지은 이름이다. 지금도 태명이는 조리원 동기 태리와 만나고 있다.

태명은 뱃속에 있는 아기를 지칭하고 친밀감을 높이기 위해 사용하는 이름이지만, 태어난 후에도 의외로 쓰일 데가 많다. 본명을 짓기 전까지 산후조리원 같은 곳에서 서류를 작성할 때면 '이름 기재란'에 으레 태명을 적는다. 그래서 산후조리원 아기들은 모두 태명으로 불린다. 신생아실에서 아기를 데려올 때도 "태명이 주세요"라고 하고, 모유 수유를 하러 가서도 "태명이 엄마 왔어요"라고 말한다. 진짜 이름을 짓고 출생신고를 할 때까지, 태명은 과거의 기억이자 미래의 소망이 되는 것 같다.

태동 　　Q

고령 산모의 숱한 불안을 단박에 잠재우는 사건을 꼽으라면 단연 태동이다. 말했듯이 임신 중기에 들면 병원 방문 횟수가 확 줄고, 초음파하는 것도 조심스러워져서 그냥 잘 크고 있으려니 믿는 수밖에 없다. 그러던 때 아이의 움직임이 감지되니까 아, 잘 자라는구나, 건강하구나 안심이 되었다.

　　첫 태동을 느낀 때는 아마도 임신 18주차 즈음이었던 것 같다. 정확히 기억나지 않는 이유는, 그게 태동인줄 몰랐기 때문이다. 임신 문외한인 나는, 태동을 막연하게 아이가 발로 차는 느낌일 거라고 생각했다. 그런데 아무리 기다려도 그런 낌새가 감지되지 않았다. 내가 둔감한 건가, 아니면 뭔가 문제가 있는 건가. 책에서는 너무 늦게까지 태동이 없으면 병원에 가보라는데……. 궁금하기도 하고 좀 걱정도 되어서 주변의 숙련된 엄마들에게 물어봤다. 대답은 그야말로 반전이었다. 처음 태동은 아랫배에서 뭔가 꼬르륵거리는 느낌 정도란다. 탄산수 마셨을 때처럼 거품이 보글거리는 것 같은 느낌, 미세한 뭔가가 꼬물거리는 느낌이라고 말하는 사람도 있었고, 약하게 트림이나 딸꾹질을 하는 것 같다고 말한 사람도 있었다. 하하하, 그런 느낌이라면 나도 있었다. 다만 소화가 안 돼서 그런 줄 알았을 뿐!

　　거창한 이름에 비해 시시한 현상일 수도 있지만, 뱃속에서 일어나는 변화들을 눈으로 확인할 수 없는 엄마에게는 이보다 더 고마운 일이 없다. 시시해도 좋으니 꾸준히 소다 거품을 올려주었으면 싶다.

사실을 알고 나서 태동을 제대로 느껴보고자 바닥에 등을 대고 가만히 누웠다. 아무 징후가 없었다. 두 손을 배에 올리고 눈을 감았다. 그렇게 한참을 있으려니 꼬르륵꼬르륵, 움직임이 느껴졌다. 이게 태동이구나, 너무 재미있고 흥미로웠다. 이후 한동안은 '태동 놀이'에 푹 빠져 지냈다.

태동은 빠르면 임신 16주, 보통은 18~20주 사이에 시작된다. 횟수는 2~3시간에 10회 이상이 정상이다. 초산부에 비해 출산 경험이 있는 경산부가 좀 더 태아의 움직임을 빨리 느끼고, 자궁벽과 자궁 사이의 피하지방이 적은 마른 산모가 민감하게 전달받는다고 한다. 처음에는 아랫배 쪽에서 느껴지다가, 좀 더 지나 아기 머리가 아래로 향하면 갈빗대 쪽으로 방향이 바뀐다. 움직임은 양수가 많고 자궁의 공간이 넓을수록 활발하고, 강도는 주수가 늘어날수록 세진다. 산모가 식사를 마친 후에도 혈당이 높아지고 태아에게로 흐르는 혈류가 증가하면서 움직임이 늘어난다. 하지만 막달에 이르러서 태아의 몸이 커지면서 움직임도 줄게 된다.

나만 해도 꼬르륵거리는 정도가 점점 세지다가, 나중에는 정말로 배를 차는 것 같은 느낌이 들었다. 심한 날에는 배가 하도 꿀렁거려서 몸 전체가 흔들리는 것 같았다. 한 번은 대체 어떤지 좀 보자 싶어 옷을 걷어 올렸더니, 마치 해일이 밀려오는 것처럼 배 전체가 일렁거렸다. 그 격렬한 움직임에서 영화 〈에일리언〉

의 한 장면, 인체를 숙주로 삼은 에일리언 새끼들이 밖으로 나오기 전 뱃속을 휘젓던 장면이 떠올라 혼자 쿡쿡거리며 웃은 적도 있다(너무 끔찍한 비유로 느껴졌다면 사과한다). 낮에만 그러느냐. 밤이고 낮이고 새벽이고 그랬다. 허리가 아파서 모로 누워 잠이라도 청할라치면, 자꾸 옆구리 아래서 꼬물거리는 통에 잠 못 이룬 적도 많았다. 하지만 귀찮고 힘들기보다는 귀엽고 감사한 마음이 더 컸다.

남편은 나 혼자만 태동을 느끼고 즐거워하는 것에 은근히 샘을 냈다. 임신 과정에서 혼자 소외된 것처럼 느꼈던 것 같다. 그래서 태동이 격렬해지면서부터는 가끔씩 배를 드러내고 남편을 위한 '특별 쇼'를 감행했다. 태동, 태동 말만 들었지 한 번도 제대로 본 적이 없던 남편은 꿈틀꿈틀 배가 움직이는 걸 보면서 정말 신기해 했다. 그날부터 매일 밤 자기 전에 배 위에 손을 얹고 움직임을 느끼며 실실거리는 게 일과가 되었다. 미동이 없는 날에는 "태명아, 아빠야. 아빠가 우리 태명이 만나러 왔어"라고 이름을 부르며 살살 달래곤 했다. 때마침 알아들었다는 듯 꿀렁거리기라도 하면 "여보, 봤지? 이 녀석이 내 목소리를 알아들어" 하면서 히히거렸다. 우연일 확률이 매우 높지만, 이 시기 태아의 청각은 거의 성인 수준으로 발달해 있다니 전혀 근거 없는 소리는 아니었다.

움직임이 심한 막달에는 자고 있는 남편의 배에 내 배를 갖다 대기도 했다. 이른바 '배 대기 놀이.' 남편은 잠결에 응응거리면서도 태동이 느껴지면 흐뭇하게 웃었다. 그러다가 다시 코를

골아 자는구나 싶어서 그만 일어나려 하면, 못 가게 바짝 끌어당겨 안곤 했다. 지금껏 나만 느꼈던 뱃속 아기의 존재가 부부 모두에게 공공연해진 순간, 세 사람이 하나가 되는 교감의 한때. 이것이 부부와 아이가 함께 걷는 행복의 꽃길이리라.

엄마가 행복하면 뱃속 아이도 행복하다

태교   🔍

햇살이 따사로이 비치는 창가에 앉아 모차르트 음악을 들으며 아름다운 책을 읽는 게 태교라면, 내 태교 점수는 빵점이다. 뱃속에 있을 때 엄마의 태교가 평생 아이의 정서와 감성을 좌우한다는 말을 익히 들었고, 태교가 얼마나 중요한지 강조하는 소리도 누누이 들었는데도 그렇다. 적어도 이런 식의 태교는 거의 해주지 못했다.

변명 같은 말이지만, 그래서 지금도 종종 아이에게 미안한 마음이 들지만, 간편하고 실용적인 생활방식을 선호하는 나에게 사회가 요구하는 태교는 너무 복잡하게 느껴졌다. 태교일기, 태교동화, 태교음악, 태교음식, 심지어 태교여행까지. 태교와 관련해서 대체 뭐 그리 해야 할 일이 많은지, 다 해내려다가는 내가 먼저 지쳐 나가떨어질 판이었다. 그렇다고 규칙적인 생활을 한 것도 아니었다. 애초에 성실한 모범생 타입과는 거리가 먼 나는, 별로 중요하지도 않은 일을 하다가 새벽에 잠드는 일이 다반사였다.

중단했던 일을 다시 시작하면서 시간도 없었다. 태교를 하려면 편안한 마음으로 주기적으로 책도 읽고 음악도 들어야 하는데, 직업 특성상 불규칙적으로 밤늦게까지 일하는 경우가 많았다. 회사 프로젝트를 내 임신 스케줄에 맞출 수도 없고, 임산부니 나를 배려해달라고 드러내고 말할 수도 없었다. 다들 혹시나 자신에게 피해가 갈까 봐 나와 엮이기를 꺼리는 눈치였다. 내 일을 미루거나 아기를 위해 양보해달라고 말할 수 있는 대상은 가족과 친한 몇몇뿐이었다.

결과적으로 이렇다 할 태교도 변변히 못 해보고 아이를 낳았다. 매일 튼살 크림을 바르며 뱃속의 아기와 대화를 하거나, 가끔씩 아빠가 다정한 목소리로 책을 읽어주는 정도가 다였다. 임신 후기에 일감을 대폭 줄이면서 집에 있는 시간을 많아졌지만, 이때도 아이를 위한 책보다는 그동안 (내가) 읽고 싶었는데 못 읽은 책들을 주로 읽었다.

이 모두가 남들에게는 이기적인 행동으로 보였을지 모른다. 그래도 나는 나름대로의 철학이 있었다. 엄마가 즐거워야 아이도 즐겁고, 엄마가 행복해야 아이도 행복하다는 것. 제아무리 세상 좋은 것을 가져다줘도 내가 싫고 불편하면 아기도 싫고 불편할 거라는 것. 임신 기간 나의 모토는 한마디로 "최대한 (내가) 편하게"였다.

그래도 한 가지, 아기 옷을 직접 만들어 준비하지 못한 건 좀 많이 아쉬웠다. 아무리 손재주 없는 엄마일망정, 태명이가 태어나 처음 입을 배냇저고리 하나쯤은 만들어주고 싶었다. 정성을 쏟는 느낌도 좋았고, 손바느질이 기계바느질보다 자극도 덜할 것 같았고, 곱게 간직해두면 나중에 아이가 컸을 때 좋은 선물도 될 것 같았다. 한번 해볼까. 그런데 박음질이 뭐고, 홈질이 뭐였더라……. 바느질법이 아련해 주저하다가 결국 재료 주문도 못해보고 홀렁 시간이 지나가버렸다.

소변 색이 확 변했다

임신성 고혈압, 임신성 당뇨, 임신중독   🔍

병원에 갈 때마다 소변검사와 몸무게 확인부터 한다. 혹시나 임신성 고혈압, 속칭 임신중독증 기미가 보일까 해서다. 임신중독은 산모의 기저 질환부터 태아의 상태까지, 여러 이유가 한데 섞여 발생하곤 하는데, 분만이 최대 치료법이다. 약물치료도 가능한 걸로 알지만 아무래도 임신 중 약물은 조심스럽기 마련, 저염식 식단을 짜고 꾸준히 체중관리를 하며 미리미리 조심하는 수밖에 없을 것 같다(더구나 이러한 생활습관은 임신성 당뇨를 예방하는 데도 좋다). 주로 임신 20주가 넘어 발병하며 혈압이 높아지고, 소변에 단백질이 섞여 나오고, 부종이 심해지는 등의 증상을 보인다.

　　한 번은 소변검사 때 색이 확 변한 적이 있다. 임신중독인가, 순간 헉 했지만 독자들은 나처럼 깨방정을 떠는 대신 부디 침착하시길 바란다. 검사 전 밥을 먹었다든지, 설탕이 들어간 음료나 시리얼을 먹었다면 일시적으로 당 수치가 올라가는 수가 있다. 부종도 마찬가지다. 임신을 하면 원래 몸이 붓기 마련이고, 체질에 따라 발 사이즈가 달라질 정도로 통통 붓는 경우도 많다. 걱정하고 조심하고 관리하는 거야 당연하지만, 사소한 일에 너무 일희일비할 필요가 없다는 뜻이다. 그보다는 단 것을 마구 먹으려는 식욕을 절제하는 게 더 필요한 일일 수 있다.

갑작스러운 하혈로 응급실행

전치태반　　Q

일시적으로 전치태반 진단을 받은 적이 있다. 그 말을 듣는 순간 유산에 전치태반에, 정말 별별 일을 다 겪는구나 싶어서 정신이 아득해졌다.

　　사건의 발단은 이렇다. 임신 중 스트레스를 피하라지만, 어디 세상사 내 뜻대로만 되는가. 일을 하다 보면 아무리 피하려 해도 귀신같이 맞닥뜨리는 게 바로 스트레스다. 그날도 동업하던 친구와 전화를 했다. 평범한 통화였는데 말이 길어지다 보니 서로 건드리지 말아야 할 부분을 건드리고 말았다. 피가 거꾸로 솟고 가슴이 터지는 것 같았다. 이러면 안 되지 하면서도 언성이 높아졌다. 전화를 끊고 나서도 좀처럼 진정이 안 되었다.

　　간신히 마음을 가다듬고 화장실에 갔다. 소변을 본 후 느낌이 이상해서 내려다보니, 변기가 피로 흥건했다. '유산이구나.' 이미 비슷한 과정으로 유산한 경험이 있었기에, 순간 심장이 얼어붙는 듯했다. 어떡하지. 낭패감에 머릿속이 하얘졌다. 일단 병원에 가야 했다. 집에는 나 혼자였다. 119에 전화를 걸었다.

구급차를 타고 가는 동안 머릿속에 온갖 상념이 떠돌았다. 심하긴 했지만 그래도 잠깐인데, 스트레스 좀 받았다고 바로 이렇게 될 수 있나, 또 유산이면 어쩌지, 만약 그렇다면 어떻게 마음의 준비를 해야 하지……. 병원에 도착하자마자 아기 상태부터 확인했다. 다행히 이상은 없었다. 만약 유산을 했다면 태동까지 감지한 아이를 잃은 상처도 상처지만, 습관성 유산으로 이어질 수 있어서 보통 문제가 아니었을 것이다. 곧이어 출혈의 이유를 찾기 위한 검사를 시작했다. 조산 위험이 있는지 조기진통 체크를 하고, 초음파로 전체 상황을 파악하면서 안정된 상태에서 한동안 지켜보았다. 이때 당직의사에게 전치태반 가능성에 대해 설명을 들었다.

전치태반은 태반이 자궁 출구에 매우 가까이 있거나 막고 있어서 정상적인 분만이 불가능한 상태를 말한다. 의사는 심각한 표정으로 전치태반이 가져올 수 있는 여러 위험을 말해주었다. 반드시 수술로 아이를 낳아야 하고, 과다출혈이 동반될 수 있으니 수혈용 피를 많이 준비해야 하며, 따라서 가능한 큰 병원으로 가야 한다고. 예정일 전에 갑자기 하혈을 많이 하면서 응급상황이 올 수 있다고. 이때 바로 수술하지 않으면 목숨이 위태로울 수 있으며, 경우에 따라서는 자궁 전체를 들어내야 한다

.

고……. 피곤에 절은 응급실 의사에게 따듯한 배려와 친절을 기대해서는 안 된다. 하지만 웃음기 하나 없는 얼굴로 무서운 말을 척척 뱉어내는 의사의 태도에, 그때는 정말 간이 바짝 오그라드는 것 같았다.

"전치태반이 확실한가요?"

도무지 믿기지가 않아서 재차 물었다.

"태반이 움직여서 상황이 변할 수도 있는데, 20주 이상이면 그럴 가능성은 희박합니다."

당시 나는 임신 22주차였다. 어떻게 이럴 수가 있지……. 그간 정기검진에서는 전치태반에 대한 언급은 일언반구도 없었다.

집에 돌아와 인터넷 검색을 해보았다. 고령, 다태임신, 제왕절개 이력, 흡연 등 인터넷에 나와 있는 전치태반의 원인 중 내가 해당되는 것은 고령뿐이었다. 실제로 35세 미만 초산모와 35세 이상 초산모를 비교분석한 결과, 고령 산모가 젊은 산모에 비해 임신성 당뇨를 비롯해 전치태반, 산후 출혈, 자궁내태아사망 발병률이 두 배 가까이 높게 나왔다고 한다. 아무리 아니라고 해도 생물학적 한계는 어쩔 수 없는 건가 싶어 잠시 우울했다. 하지만 곧 생각을 고쳐먹었다. 위험이 높다고 했지, 꼭 어떻게 된다고는 하지 않았다. 그만큼 준비를 철저히 하고, 능동적으로 대처하면 되는 것 아닌가. 이날 이때껏 살면서 예측불허로 터지는 사건사고쯤이야 숱하게 막아오지 않았던가.

며칠 안정을 취한 후 다니던 병원에 갔다. 상담을 받았는데 진단이 달랐다. 태반이 약간 밑에 내려와 있기는 한데 신경 쓸

정도는 아니란다. 이후 전치태반이라는 말은 두 번 다시 나오지 않았다. 제왕절개로 출산했지만, 전치태반 때문은 아니었다. 그렇다면 그날 응급실 의사의 진단은 뭐였을까. 스트레스 상황에서 태반이 이동하며 전치태반처럼 보였을 수도 있다. 종합병원 특성상 문제가 될 여지를 남기지 않기 위해 가능한 모든 상황을 설명한 것일 수도 있고, 갑자기 하혈을 하며 실려온 고령 산모에게 내린 자동반사적 진단일 수도 있다. 어찌됐건 의사는 자기가 아는 대로, 보이는 대로 말했을 것이다.

결론은 이렇다. 나는 잠시 전치태반 진단을 받았지만, 곧 아닌 걸로 밝혀졌다. 하지만 전치태반이었다 해도 크게 달라지는 일은 없었을 것이다. 여전히 조심했을 것이고, 상황에 따라 최선의 대처법을 찾았을 것이다. 어쩌면 운 좋게 태반이 움직여 증상이 사라졌을지도 모른다. 그러니 고령 산모들이여, 지금까지 잘해온 스스로를 믿고 용기를 가집시다.

피부에 나타나는 임신의 훈장

| 튼살 Q |

임신 4개월째에 접어들면 아주 서서히 배와 엉덩이, 가슴이 부풀어 오르기 시작한다. 가슴과 엉덩이가 빈약해 고민이었던 사람은, 이 시기 달라진 자신의 몸매에 내심 황홀해지기도 한다. 문제는 튼살이다. 튼살은 피부가 늘어나는 속도를 따라잡지 못하고

표피층이 찢어지면서 생기는 것인데, 비슷한 원리로 치골부터 가슴까지를 검게 가르는 임신선과 달리 출산 후에도 사라지지 않는다. 보통 배와 엉덩이, 허벅지, 사타구니, 무릎 뒤쪽에서 많이 보이고, 모유 수유를 할 경우 가슴에도 생긴다.

　　먼저 출산한 친구들이 다른 건 몰라도 튼살 크림만큼은 꼭 챙겨 발라야 후회하지 않는다고 신신당부한 게 떠올라 일찌감치 장만하기로 했다. 평소 외모에 그리 신경 쓰는 편은 아닌데도 튼살이 생기는 것도, 나이 들어 애 낳더니 완전히 망가졌다는 말을 듣는 것도 싫었다. 게다가 임신·출산을 다루는 책에서 튼살은 보통 7개월째부터 나타나지만, 예방 차원에서 4~5개월부터 보습 크림이나 오일을 바르라고 권하고 있었다.

　　그런데 막상 크림을 장만하려고 하니 대체 뭘 사야 하나 막막했다. 종류도 너무 많고, 브랜드도 많았다. 부지런한 산모들은 천연 보습제를 만들어 사용한다는데 그럴 깜냥은 안 되고, 일단 시중에 나온 다양한 제품들을 이것저것 다 써보았다. 오일이나 크림 형태가 대부분이고, '임산부 세트'라고 묶어서 판매하기도 한다. 가격은 5만 원 안팎. 효과는 얼추 비슷할 테니 선호하는 형태나 계절에 맞춰 선택하면 되겠다.

　　나는 피부가 건조한 편이라 오일과 크림을 동시에 썼다. 그리고 '이것만큼은 양보할 수 없다'는 심정으로 열심히 발랐다. 그래서인지 튼살이 하나도 안 생겼다. 나중에 산후 마사지를 해주셨던 분 말씀은, 타고난 살성이 중요하지 보습 크림과는 별 상관이 없다는데, 뭐가 맞는지는 잘 모르겠다. 그저 원하는 결과를 위해 할 수 있는 최선을 다하는 게 좋겠다.

튼살 크림을 바르는 방법은 다음과 같다. 일단 가장 드라마틱하게 늘어나는 배를 집중적으로 공략한다. 배꼽을 중심으로 점점 큰 원을 그려나간다는 느낌으로 배 전체에 발라준다. 이때 배꼽 아래는 자칫 놓치기 쉬운 부분이므로 잊지 말고 발라주자. 조리원에서 만난 어떤 산모는, 혼자 바르다 보니 힘들기도 하고 팔도 안 닿고 해서 그냥 내버려두었는데, 나중에 보니 그 부분만 튼살이 생겼다며 억울해 했다. 이럴 때 남편이 발라주면서 아기와 대화를 나누면 몸도 편하고 태교에도 좋겠지만, 남편 회사가 그렇게 호락호락 퇴근을 시켜주는 곳이 아니지 않은가. 결국 나는 스스로 하는 수밖에 없어서, 아무리 힘들어도 자기 전 샤워하고 바르는 걸로 규칙을 정했다.

임신 주수가 올라갈수록 바르는 부위도 넓어졌다. 배에서 시작해 허벅지, 엉덩이, 가슴으로. 시간도 많이 걸리고 크림도 쭉쭉 줄었다. 아까운 생각이 없지 않았지만, 나중에 살이 터서 스트레스를 받는 것보다 낫지 않겠느냐며 마음을 다잡았다. 한 세트면 출산 때까지 쓸 수 있겠다 싶었는데, 웬걸. 이후로 두 세트를 더 구매했다.

기왕 바르는 김에 마사지까지 해주면 더 좋을 터, 임신·출산 관련 사이트 여기저기서 소개하는 임산부 마사지법을 참고해보자. 나도 한번 해봤는데 따라 하기가 쉽지 않아서 나름의 방법대로 했다. 중요한 건 꾸준히, 매일 하는 것이다.

물론 이보다 더 근본적인 예방책이 있다. 피부가 늘어나는 속도를 최소화하도록 몸무게 관리를 철저히 하는 것이다. 보통 산모는 임신 전보다 10~15킬로그램 정도 몸무게가 늘기 마련이므로, 한 달에 1.5킬로그램을 넘지 않도록 조절한다면 어느 정도 살이 트는 것을 막을 수 있을 것이다.

 Info. **튼살을 예방하는 임산부 마사지법**

· 허벅지·종아리 – 무릎 윗부분을 쓸어주듯 마사지한다. 그런 다음 양손 엄지로 허벅지 아래 종아리 윗부분을 쓸어준다. 마지막으로 허벅지를 손바닥으로 털면서 아래서부터 올라간다.

· 엉덩이 – 안에서 밖으로 나선형을 그리며 마사지한다. 그러고 나서 아래부터 위로 끌어올리며 양손바닥으로 엉덩이 가장자리에서 안쪽으로 모아준다.

· 복부 – 배꼽 주위부터 시계방향으로 둥글게 원을 그리며 배 전체를 쓸어준다.

· 가슴 – 우선 아래서 위로 둥글게 원을 그리듯이 마사지한다. 그런 뒤 양손바닥으로 가슴을 위쪽부터 중앙 부위로 쓸어내린다. 마지막으로 가슴 중앙부터 돌면서 마사지한다.

노산이라고 해서 아이를 갖고 키우는 게 젊은 산모와 크게 다르지 않았다. 산전수전 다 겪은 나이라 어지간한 일에는 당황하지 않았고, 경제력도 제법 갖춰져 있다는 점에서 오히려 더 괜찮게 느껴지기도 했다. 먹고 싶은 거 다 먹고, 놀고 싶은 거 다 놀고, 해보고 싶은 것도 다 해본 터라 아이에 대한 집중력도 좋았다. 그러나 내가 나이를 먹는 만큼 부모님도 연세가 높아진다는 사실은 정말 아쉬웠다.

아이를 갖고 낳는 데까지는 부부가 주체가 되어 얼마든지 감당할 수 있다. 하지만 출산 후 육아에 들어서면서부터는 얘기가 다르다. 특히 맞벌이부부는 누구라도 손을 거들지 않으면 생활이 불가능해진다. 베이비시터 구하기는 우선순위 중 영순위의 문제가 된다. 정부나 회사에서 탁아소를 많이 짓고 운영하는 게 이 문제의 가장 이상적인 해결책이지만 당장은 현실성이 없고, 부모님이라도 옆에 계시면 얼마나 좋을까 싶어진다. 자식 다키워놓고 이제 좀 편하게 지내나 싶은 시기에 새삼 손주를 돌봐야 하는 부모님의 부담을 왜 모를까마는, 이기적인 딸은 그래도 믿고 의지할 수 있는 사람이 부모밖에 없다. 특히 친정엄마의 존재가 너무 간절했다. 단순히 아이를 맡기기 위해서가 아니라, 출산 후 찾아오는 어떤 불안감, 허탈감, 공포 등의 감정을 가장 허심탄회하게 나누고 이해받을 만한 사람이 엄마밖에 없어서였다.

하지만 나를 비롯해 마흔 넘어 아이를 낳는 사람들은, 정말 예외적인 경우를 제외하면 부모님 연세가 대개 70대일 것이다. 아이는 고사하고 제 한 몸 돌보기도 힘드실 때다. 특히나 우리 엄마처럼 큰 병에서 회복한 분들은 하루하루 체력이 떨어지는 게 눈에 보일 정도다. 시부모님은 연세도 연세지만 너무 먼 곳에 계셨다. 상대적으로 젊은 친정엄마가 몇 주씩 와계시면서 산후조리도 해주고, 입에 맞는 음식도 해주시고, 아이도 챙겨주시는 다른 가정의 상황이 정말, 너무 부러웠다.

그러나 언제까지 부러워하며 손 놓고 있을 수는 없는 일, 출산 이후 상황에 대한 대비책을 세워야 했다. 출산준비는 보통 중기에 하라고들 하는데, 후기로 가면 몸이 무거워 힘들기 때문일 것이다.

산후조리는 어디서 해야지?

| 산후도우미, 산후조리원   🔍 |

산후조리를 부모님께 맡길 수 없다면, 선택지는 크게 산후조리원과 산후도우미로 좁혀진다.

산후조리원은 산모가 산후조리에만 전념할 수 있도록 전문시설을 갖춘 곳이다. 아기만 집중적으로 관리하는 신생아실과 각 산모가 안정을 취하는 산모실이 기본이고, 아기와 같이 있고 싶은 산모는 모자동실을 신청하면 된다. 여기에 두피 케어실, 요가 및 마사지실 등 각종 부대시설 및 프로그램을 운영하고 있다.

조리원마다 가격, 시설, 프로그램 구성이 천차만별이니 사전답사나 조사를 바탕으로 최종적으로 결정해야 한다. 나는 답사할 곳을 결정해 전화로 미리 '투어' 예약을 한 후, 주말마다 남편과 함께 둘러보았다.

사람마다 차이가 있지만 보통 병원에서 나와 2~4주간 조리원에 머문다. 가격은 싼 곳은 170만 원, 비싼 곳은 700만 원까지 한다(물론 더 비싼 곳도 있다). 출산한 병원에서 운영하는 산후조리원도 있는데, 그런 경우 가격을 할인해준다든지 하는 혜택이 있고, 혹시 모를 사고에 즉각 대처할 수 있다는 장점도 있으니 한번 생각해보자. 출산예정일로부터 2~3개월 이상 먼저 예약을 해야만 조리원에서도 스케줄을 잡을 수 있다.

산후도우미 시스템은 산후조리사가 내가 산후조리를 하는 곳, 보통 자택이 되겠지만 친정에서 하게 되면 그쪽으로 방문하는 구조다. 소위 '인력업체'부터 산후도우미 전문업체까지 다양한 곳에서 산후도우미를 파견하고 있다.

나는 출산 직후 2주는 산후조리원에, 이후 3주 동안은 산후도우미의 도움을 받았다. 두 시스템을 다 경험해본 사람으로서 각각 장단점이 확실했다. 산후조리원의 장점은 우선 심심하지 않다는 것이다. 내가 둘러본 산후조리원으로만 한정하자면, 가격이 비싼 곳일수록 개별관리 시스템이 잘되어 있었다. 신생아실 아기도 상대적으로 적고, 밥도 산모실로 직접 가져다주고, 진료도 개별적으로 받았다. 시설도 호텔 버금가게 좋았고, 사생활도 존중되는 것 같았다. 개인주의 성향이 강한 터라 마음이 쏠렸지만, 결국 돈 때문에 이 모든 것을 공동시설로 운영하는 곳을 선택했다.

처음에는 낯선 산모들과 부대끼는 게 불편할 것 같았다. 그런데 겪어보니 전혀 아니었다. 오히려 모르던 정보를 다른 산모에게 얻을 수 있어 유익했고, 이야기를 나누다 보니 시간도 빨리 흘러 지루한 줄 몰랐다. 그래도 운영하는 프로그램 수준이 다르지 않겠나 할 텐데, 대부분 아기용품 관련 회사가 진행하는, 굳이 안 들어도 되는 것들이라 그리 아쉽지 않았다. 두피 케어처럼 집에 없는 시설을 이용하는 것도 좋았고, 일정 기간 동안 다른 사람의 방해 없이 조리에만 전념할 수 있다는 것도 좋았다. 특히 끼니때마다 아무 생각 없이 남이 차려주는 밥을 먹는다는 게 좋았다.

단점은 (어쨌거나) 비싼 가격과 위생이다. 특히 위생은 겉으로 봐서는 알 수 없다. 다들 위생을 철저하게 관리한다니 그러려니 할 뿐이지만, 예민한 산모라면 청소도우미 한두 명이 조리원 전체를 치우는 게 영 못 미더울 것이다. 실제로 어떤 산후조리원에서는 위생관리를 소홀히 하는 바람에 신생아실 아기가 집단 감염되는 사건이 벌어지기도 했다. 결국 산후조리원은 내가 가장 신경 쓰는 포인트가 무언지 곰곰 생각해보고, 그것을 가장 잘 구현하는 곳을 집과 병원, 보호자의 직장과 가까운 위치 및 가격과 함께 계산해 결정하면 될 것 같다.

산후도우미의 장점은 산후조리원에 비해 상대적으로 값이 싸고(일당 6만5천 원), 내 집에서 조리할 수 있다는 것이다. 특히 큰애가 있는 가정이라면 이 점이 정말 큰 메리트가 될 수 있다. 게다가 건강보험료 본인부담금 합산 금액이 전국가구 기준 중위소득 80퍼센트 이하에 해당되면, 정부에서 파견하는 산후도우미를 신청할 수도 있다. 방법은 간단하다. 출산예정일 40일 전부터 출산 후 30일까지 가까운 보건소에 산모수첩과 신분증을 들고 가면 된다. 지원금 규모는 자격 유형에 따라 조금씩 변동이 있겠지만 단태아는 최대 86만 원, 다태아는 150만 원, 세쌍둥이 이상 및 중증장애인 산모는 220만 원이다. 지원 기간은 단태아는 열흘, 다태아는 보름, 세쌍둥이 이상 및 중증장애인 산모는 20일로 정해져 있다. 이용 가능한 산후도우미 업체와 그밖에 궁금한 것들은 보건소에 물어보자.

여기까지 준비를 마쳤다면 관건은 나와 잘 맞는 산후도우미를 만나는 것인데, 이거야말로 복불복이다. 좋았다는 후기가 많은 사람이라도 나와 안 맞을 수 있고, 별로였다는 평가를 받은 사람이 의외로 나와 찰떡궁합일 수도 있다. 아무튼 규모가 좀 있는 업체들은 고객이 만족할 때까지 계속해서 파견자를 바꿔주겠다는 방침을 표방하고 있다.

산후도우미의 근무시간은 보통 회사원과 똑같다. 아침 9시 출근, 오후 6시 퇴근. 처음 온 날에는 회사 방침에 따라 신분을 증명할 수 있는 신분증 사본과 교육수료증, 보증보험증권 사본 등을 보여준다. 전례가 없는 일이라 매우 서먹하겠지만, 할 건 해야 한다. 그다음 기본적으로 아기 돌보기, 산모 식사 챙겨주기를 한다. 청소는 아기와 자는 방만, 남편 와이셔츠 세탁 및 준비는 하루에 한 장까지다. 해야 하는 집안일의 범위를 두고 산모와

도우미 간의 온도차가 워낙 커서, 이 부분은 고정사항으로 웹사이트에 기재해놓았다. 하지만 나는 운이 좋아서 이때 오신 도우미가 '그 밖에' 일도 많이 해주셨다. 종종 다른 방도 치워주시고, 내 기분이나 감정도 섬세하게 배려해주셨다. 조리사 자격증에 손맛까지 갖추어서 만들어주신 음식도 하나같이 다 맛있었다.

단점은 아무래도 내 집에서 조리를 받다 보니 엉망인 집안 꼴이 자꾸 눈에 밟힌다는 것과, 모르는 사람과 단둘이(물론 아기가 있지만) 지내야 한다는 것이다. 깔끔한 사람은 차마 두고 볼 수 없어서 뭔가 하게 될 텐데, 이때만큼은 눈 딱 감고 모른 척하자. 지금 관리를 요하는 것은 집이 아니라 산모 자신이다. 나야 워낙 천성이 게으른 탓에 조금도 눈에 거슬리지 않았다.

낯선 사람과 지내는 불편함도 곧 해소되었다. 처음에는 정말 뭘 해도 어색하고 뭔가 시키거나 부탁하는 것도 힘들었는데, 2주 동안 서로에게 점점 익숙해지면서 어색함은 누그러지고 보살핌을 받는 것도 한결 쉬워졌다. 심지어 계약한 기간이 끝나고도 도우미 분께, 몸이 아직 거뜬치 않으니 1주만 더 계셔달라고 부탁드렸다. 다행이 다음 스케줄이 잡혀 있지 않아 일주일을 더 연장할 수 있었다.

이후에 한 번 더 도우미 서비스를 이용한 적이 있다. 그때 오신 분은 많이 실망스러웠다. 행운은 두 번 연속 따라주지 않는 법인가보다. 하지만 달리 생각해보면, 갑자기 만난 사람과 100퍼센트 맞는 것도 이상한 일이다. 그러니 내 마음대로 할 수 없는 일은 아예 처음부터 기대치를 정해놓는 것도 나쁘지 않은

것 같다. 여기까지만 제대로 하면 그다음은 신경 쓰지 않는다는
원칙. 기대가 크면 실망도 큰 법이니까.

아기 물건은 무얼 준비해야 할까?

| 아기용품 | Q |

처음 아기용품을 준비하려고 했을 때, 다른 것들과 마찬가지로
뭐가 필요한지, 어디 제품이 좋은지 하나도 몰랐다. 해서 무작정
백화점 아기용품점에 갔다. 매장 직원에게 생판 초짜라고, 뭘 사
야 하냐고 물었다. 직원은 이런 질문이 아주 익숙하다는 듯 리스
트를 가져다주었다. 해당 브랜드에서 판매하는 모든 상품을 종류
별로 구분하고, 각각 필요한 개수와 가격이 적혀 있었다. 그대로
가격을 뽑아보니 대략 100만 원이었다. 맙소사. 리스트만 한 장
챙겨들고 얼른 가게를 빠져나왔다.

집에 돌아와 인터넷으로 여기저기 물어보고 찾아봤다. 다
들 비슷한 고민을 하기 때문에 좋은 정보를 많이 얻을 수 있었다.
좋다고 이름난 물건은 뭔지, 사용감은 어떤지 후기가 잘 올라와
있었다. 온종일 주옥같은 정보를 섭렵한 덕에 출산준비물에 대해
대충 감을 잡을 수 있었다. 몇 개월만 쓰다 마는 물품이 대부분이
었다. 해서 우선은 출산 후 바로 필요한 기본적인 것들로만 목록
을 짜고, 주말에 가까운 아울렛에 가서 배냇저고리 다른 종류로
두 장(다리까지 길게 나온 스타일을 우주복 대신으로 샀다)과 속싸개,

겉싸개 겸 이불, 발싸개를 샀다. 가격은 15만 원. 백화점에서 받았던 견적의 10분의 1 수준이었다. 손싸개와 아기 끈은 팟캐스트 동지 이감독이 첫째 때 안 쓰고 남은 것을 선물해주었다. 기저귀와 비접촉식 체온계, 아기침대, 제대혈, 카시트는 출산박람회에서 마련했다. 여기에 인터넷으로 구매한 젖병 두 개를 더하면, 출산 전 내가 아기를 위해 산 물품의 전부가 된다.

너무 적은 게 아닌가 싶겠지만, 이때는 모든 것이 아직 제대로 결정되지 않은 상태이기 때문에 이 정도로도 충분하다. 이를테면 젖병은 모유 수유를 하게 되면 몇 개만 있어도 된다. 배냇저고리는 어차피 매일 빨래를 하기 때문에 두 벌로 돌려 입혀도 충분했다. 두터운 방한용 우주복은, 내 경우 겨울에 아이를 낳았기 때문에 병원에 가는 것 말고는 외출할 일이 거의 없었고, 설사 나간다 해도 겉싸개에 꽁꽁 싸서 바로 차 안에 들어갔기 때문에 불필요했다.

방수요도 천 기저귀를 쓰느냐, 일회용 기저귀를 쓰느냐에 따라 필요도가 달라진다. 환경과 아이를 생각해 천 기저귀를 고집한다면 방수요가 절대로 필요하겠지만, 일회용 기저귀를 쓸 거라면 없어도 된다. 그런데 이것도 변할 수 있다. 나도 처음에는 천 기저귀를 써보겠다고 열 장을 샀다. 얼마간 쓰다가 곧 일회용 기저귀로 바꾸었다. 천 기저귀는 새는 일이 많아서 보통 방수 커버를 덧대는데, 그러면 통풍이 전혀 안 돼 천 기저귀를 쓰는 의미가 없어진다. 오히려 발진이 더 생긴다는 얘기도 들었다. 또 오줌을 싸면 바로 젖어버리기 때문에 신경 써 계속 갈아주지 않으면

일회용 기저귀보다 못한 결과를 가져온다. 베개도 별로 쓰임새가 없었다. 신생아 때는 너무 높아서 수건을 깔아주었고, 좀 커서는 요 녀석이 이리저리 굴러다니며 한시도 가만히 베개에 머리를 올려두지 않았다.

　　주위에서 물려주는 것도 많다. 이 나이에 뭘 얼마나 물려 받을까 했는데, 정말로 많이 받았다(그분들께 새삼 감사한다). 처음 에는 헌 물건이라 찜찜한 구석이 없지 않았다. 하지만 다들 몇 번 쓰지 않아 새것과 다름없었고, 한두 번 세탁이 된 것이어서 아토 피 있는 아기들에게는 오히려 더 안전했다.

　　선물도 많이 들어온다. 옷을 선물하는 사람이 얼마나 될 까 이 또한 기대도 안 했는데, 의외로 다른 선물보다 많이 들어오 는 게 옷이었다. 굳이 아이를 명품으로 도배할 게 아니라면 기본 만 준비하고 기다려보시라. 살까말까 망설여지는 것은 사지 마시 라. 예쁘고 귀엽다고 눈에 들어오는 대로 자꾸 집으면, 없어도 될 것까지 구입하게 된다. '아나바다 운동'을 몸소 실천한 우리 집조 차도, 한때 포장조차 뜯지 않은 물건이 넘쳐나 골치였다.

　　아기용품은 한철 쓰다 마는 것이 대부분이다. 내 아기가 소중한 건 두말할 것도 없지만, 하루가 다르게 쑥쑥 자라는 아기 를 위해 모든 걸 다 구비해놓을 필요는 없다. 그래도 뭐가 있는지 알고는 있어야 하지 않나 싶어서 시중에 떠도는 출산용품 리스 트를 첨부했다. 부디 '지름신'을 피해 현명한 소비하시길.

Info. 준비해야 할 산모용품 리스트

· 의류 및 패브릭류 - 임산부 양말, 임산부 내의, 수유 브래지어, 수유 러닝셔츠, 산전·산후 복대, 산모 패드, 산모 팬티(일회용 팬티), 회음부 방석, 임산부용 전신 베개, 손목·무릎 보호대
· 화장품 - 출산 후 세정용품, 배트임 방지 크림, 임산부 청결제, 임산부 칫솔, 임산부 치약, 유두 보호 크림, 바텀스프레이
· 모유 수유 제품 - 젖몸살 용품(마미팩 등), 상처치유 촉진기, 유두 보호기, 모유 수유 티슈, 모유 촉진 차

 Info. 준비해야 할 신생아 용품 리스트

· 침구 - 이불요 세트(또는 차렵이불), 겉싸개(또는 보낭), 속싸개, 타월싸개(또는 배스타월), 좁쌀베개, 짱구배개, 방수요
· 의류 및 패브릭류 - 배냇저고리, 내의, 신생아 우주복, 턱받이, 손발싸개, 손수건, 기저귀 커버(또는 밴드)
· 화장품 - 로션, 오일, 크림, 파우더, 기저귀발진 예방 및 완화제

- 발육용품 - 치아발육기, 구강 티슈(혹은 핑거 칫솔), 구강세정
  제, 모빌, 딸랑이
- 수유용품 - 젖병, 노리개젖꼭지, 젖병소독기, 젖병 솔, 젖꼭
  지 솔, 젖병 집게, 젖병 세정제, 분유 케이스, 젖병 건조대,
  유축기, 수유 패드, 모유저장팩
- 목욕용품 - 비누, 바디워시, 샴푸, 아기욕조, 손타월, 해면
  스펀지, 체온계, 탕온계, 온습도계, 물티슈, 손톱깎이, 분통,
  항균면봉, 코흡입기, 섬유세제, 유연제, 투약기, 목욕그네
- 외출용품 - 포대기, 아기 띠, 캐리어, 유모차

출산용품 공부, 남편 정신무장에 좋다

출산박람회   Q

백화점은 너무 비싸고, 인터넷 검색은 너무 귀찮고 시간이 많이
걸린다면 출산박람회를 이용하는 것도 나쁘지 않다. 다만 몸이
무거운 상태에서 넓고 사람으로 북적대는 박람회장을 돌아다니
는 게 보통 힘든 일이 아니라, 될 수 있는 한 남편과 동행하기를
바란다. 보통 사나흘 행사를 하는데, 하루 방문으로 필요한 물건
을 싸게, 한꺼번에 다 구입할 수 있어서 좋고, 사지 않더라도 공
부가 돼 좋다. 특히 남편들 '정신 재무장'에 좋다.

　　우리 남편의 경우, 처음 임신이 되었을 때는 기뻐하면서

뭐라도 하려는 시능을 하더니, 시간이 지나며 임신 과정에서 점차 배제되면서부터는 어느새 관심이 시들해졌다. 그러다 출산박람회에서 물건들을 보고 구매에도 참여하면서 수그러들었던 열정이 되살아났다. 제대혈 같은 건 박람회에서 보고 상담을 받은 후에, 직접 다시 가서 사오는 열의를 보였다. 남편의 저조한 참여율에 마음이 꽁해 있다가 덕분에 내 마음이 좀 풀렸다.

 Info. 수도권 대표 출산박람회는?

수도권의 대표적인 출산박람회로는 BeFe베이비페어, 코리아베이비페어, MiBe베이비엑스포, 인천베이비페어 등이 있다. BeFe베이비페어는 그중 규모가 가장 큰 행사인데, 해마다 서울 강남 코엑스에서 2월과 8월, 두 차례에 걸쳐 열린다. 기간 중 인터넷몰을 운영하면서 거리가 멀어 못 오는 사람들을 배려하고 있다. 입장료는 5천 원인데, 홈페이지에서 회원가입하고 현장 온라인 고객 코너에서 이야기하면 면제해준다. 코리아베이비페어는 10월경 일산 킨텍스에서 열리고, 비슷한 시기 강남 세텍에서는 MiBe베이비엑스포를 개최한다. 인천베이비페어는 4월, 인천 컨벤시아에 자리를 편다.

3.
임신
후기

기형아 검사를 가뿐히 넘기고, 전치태반도 없고, 임신성 당뇨나 고혈압도 무사통과 했다고 안심해선 안 된다. 끝날 때까지 끝난 게 아니니, 아직 조산의 위험이 남아 있다. 보통 35세 이상 고령 산모의 조산 확률은 젊은 산모보다 두 배 이상 높다고 한다. 하지만 지겹도록 들어온 이 경고 메시지에 매번 불안해 하기보다는, 그만큼 조심하고 선제적으로 대처하는 게 더 현명한 일일 것이다.

배 뭉침, 조산 🔍

의학적으로 조산은 임신 20주 이상 37주 이전에 분만을 하는 것을 말한다. 분만 시기가 빨라지는 만큼 아이의 생존 확률도 낮아진다. 하지만 의학이 발달한 요즘은 어느 정도 기관이 발달한 아기라면 대체로 구제가 되는 것 같다. 35주만 넘겨도 비교적 안정권 안에 든다. 2015년 말 미국에서 태어난 초미숙아, 엘라야 페이스 페가스를 보라. 임신성 고혈압으로 산모의 목숨이 위태로워지는 바람에 24주 만에 제왕절개로 태어난 엘라야는, 당시 키 25센티미터, 몸무게 283그램에 불과했지만 지금 건강하게 잘 살고 있다. 그래도 기왕에 정해진 때 분만하는 게 산모나 아이에게 피차 좋은 일, 평소 세심하게 주의를 기울이며 건강관리에 힘쓰도록 하자.

전업주부는 피곤하지 않게 일과 운동량을 조정하자. 일하는 여성 중에 서서 일하는 직업을 가진 사람은 시간 날 때마다 누워서 휴식을 취하자. 특히 태아가 너무 내려와 자궁 입구까지의 길이가 너무 짧다는 진단을 받으면, 당장에 모든 일을 작파하고 꼼짝 없이 집에 누워 있어야 한다. 이때 다리에 쿠션을 받쳐 높이 들어주는 게 좋다.

면역력이 떨어지면 염증반응이 늘어날 수 있으니 필요 영양소를 골고루 섭취하자. 운동을 하는 건 좋지만 과도하게 움직이거나 무리한 행동은 하지 말고, 자궁의 혈류가 나빠질 수 있으니 배를 따뜻하게 하자. 찬 음식은 절대로 주의해야 한다. 설사가 반복되면 장운동이 활발해지면서 자연스럽게 자궁 압박으로 이어진다. 아아, 결국 똑같은 이야기를 반복할 수밖에 없다. 고령산모는 처음부터 끝까지 조심, 또 조심하면서 마음을 편히 갖는게 최선이다. 이토록 매사에 안전을 기하기 때문에 더 건강한 아이를 낳을 거라고 긍정적으로 생각하도록 하자.

　　한 가지 더. 이 시기 배 뭉침이 자주 생기는데, 조기진통인지 단순 배 뭉침인지 헷갈릴 수 있다. 의사는 하루 7~8회 정도 배가 뭉치는 건 정상이지만, 한 시간에 8회 이상 뭉침이 반복되거나 통증 주기가 짧아지면 자궁이 아기를 밀어내려는 신호이니 바로 병원에 오라고 했다. 임신 초·중기에는 자궁이 커지는 한편으로 자궁근육이 수축하면서 하복부가 묵직해지고 생리통처럼 찌릿한 느낌이 드는 반면, 후기에는 자궁이 진통에 대비해 자연스럽게 수축하며 배 뭉침 현상이 나타나는 거라고도 했다. 이때 뭉친 걸 풀겠답시고 배를 마사지하면 오히려 자극이 되어 배 뭉침이 더 자주 생길 수 있으니, 길게 옆으로 누워 안정을 취하는게 좋다.

아이 머리가 반대로 놓였을 때

역아　　Q

출산을 앞둔 태아의 머리는 보통 엄마의 골반 쪽으로 향한다. 이를 두위頭位라고 한다. 역아는 반대로 머리가 골반이 아닌 자궁 위쪽으로 자리 잡는 상태를 말하는데, 정확한 원인은 아직 밝혀지지 않았다. 역아는 초음파로도 확인할 수 있지만, 태동으로도 알 수 있다. 임신 후기 태동이 치골 근처에서 느껴지면 역아일 확률이 높다.

역아의 가장 큰 문제는 출산 시 위험부담이 커진다는 점이다. 머리보다 발이 먼저 나오면 산도가 충분히 확장되지 못하고, 가장 나중에 나오는 머리가 산도에 끼이면 뇌에 공급되는 산소량이 부족해지면서 뇌손상을 일으킬 수 있다. 탯줄이 아기 목을 감아 당기거나, 몸통에 눌리거나, 출산 시 태아보다 먼저 밖으로 나오는 탯줄 탈출증이 유발되면서 생명을 위협할 수도 있다.

대처법은 다양하다. 산전에 스트레칭이나 요가로 태아의 방향을 바꿀 수 있다고도 하고, 분만 시 아기의 몸을 돌려서 받을 수도 있다. 그러나 고령 산모의 경우, 특히 유산한 경험이 있는 초산모라면, 특이사항이 없는 한 안전하게 제왕절개를 권유받는다. 역아라고 해서 무조건 위험한 게 아니니, 걱정하지 말고 병원의 지침을 잘 따르도록 하자.

드디어 출산 가방을 싸다

출산 가방　　　🔍

임신 30주차에 출산 가방을 싸서 안방 문 앞에 가지런히 놓았다. 보통 35~38주차에 싸곤 하는데, 노산에 비록 잠시지만 전치태반 진단을 받은 터라, 혹시나 해서 조금 일찍 싸두었다. 남편에게 가방의 위치와 용도를 알려주고, 만약 일이 생겨서 경황없이 병원을 가게 되면 나중에 이것들만 챙겨달라고 신신당부했다. 개인적으로는 혼자 있을 때 진통이 올 경우를 대비해 휴대전화에 남편 직장이나 동료 연락처를 영순위로 저장하고, 병원 분만실이나 가족 등 보호자 연락처를 따로 메모해두었다.

자, 그렇다면 출산 가방에는 뭘 챙겨넣어야 하나. 여행가방과 똑같이 싸면 되나. 잘 모르겠다 싶을 때는 인터넷 검색이 최고다. 역시나 수많은 선배들이 경험에 근거해 품목을 정리한 리스트를 잔뜩 올려두었다. 세부적인 것 몇 개 빼고는 다들 내용이 비슷했다. 그중 하나를 출력해서 공통된 항목을 체크해 준비하고, 없는 것은 사다가 넣었다.

가방도 장소별로 따로 준비했다. 나 같은 경우 병원에 한동안 있다가 조리원으로 갈 예정이었으므로, 병원용과 조리원용을 구분해 쌌다. 병원용 가방에는 산모용 세면도구와 아기용 배냇저고리, 속싸개, 제대혈 키트, 가제수건 같은 것을 넣고, 조리원용에는 그밖에 각종 화장품과 옷, 잡동사니들을 넣었다. 품목은 상황에 따라 역시 변동이 있기 마련인데, 우선 배냇저고리나 속싸개 같은 것은 병원에 따라 주는 곳도 있으니 한번 확인해보길 바란다.

자연분만이냐 제왕절개냐, 모유 수유를 하느냐 마느냐에 따라서도 넣고 빼는 물건이 달라진다. 자연분만을 할 거라면 회음부 스프레이가 필수지만 제왕절개에서는 무용지물이고, 모유 수유를 할 거라면 우윳병도 많이 필요 없기 때문이다. 하지만 출산 전까지 뭐가 어떻게 될지 모르는 일, 그럴 때는 최대한 간편하게 준비하는 것도 방법이 될 수 있다. 이때 각 가방마다 엄마와 아기용품을 따로 분리해서 투명한 지퍼백에 담아두면 때도 덜타고 찾기도 쉽다. 아기용품을 구입한 후에 한 번씩 빨거나 씻는 건 기본 상식이다.

내가 가장 고민했던 부분은 수유용품이었다. 마음으로는 모유 수유를 하고 싶었지만 출산 후에 젖이 나올지 안 나올지 모르는 상황에서 수유 브래지어나 젖병을 사기가 꺼려졌다. 고민 끝에 일단 젖병은 두 개만 사놓고, 수유 브래지어는 남편과 속옷 가게를 방문해 미리 골라 놓았다. 혹시 필요하게 되면 여기 와서 이걸 사달라고. 나머지 애매한 물건들도 이런 식으로 대비책을 세웠다. 남편이 맞춤하게 고를 순 없어도 심부름 정도는 할 수 있을 테니까.

결과적으로 이것이 좋은 선택이 되었는데, 병원과 조리원에 가보니 어지간한 아기용품은 다 준비돼 있었다. 특정 브랜드를 고집하는 게 아니라면 그곳에서 샘플로 지급하는 걸 써도 무방할 것이다. 다른 필요한 것들도 웬만해서는 다 구매할 수 있다. 가격비교 결과 시중에 파는 것보다 싼 게 많아서, 조리원에서 나오기 전 기저귀며 분유 같은 것을 잔뜩 샀다.

info. 출산 가방에 꼭 챙겨야 할 물품

• 아기용품

배냇저고리, 속싸개, 겉싸개, 손발싸개, 가제수건, 기저귀	병원과 조리원에 구비된 배냇저고리를 아기에게 유니폼처럼 입혀놓았다가, 퇴원할 때 엄마가 가져온 옷으로 갈아입힌다. 배냇저고리와 속싸개는 기본으로 항상 입히고, 나올 때 겉싸개로 싼다. 가제수건은 여러 용도로 사용되니 반드시 준비해야 한다. 기저귀는 병원이나 조리원에서 기본적으로 사용하는 게 있지만, 모자동실에서 한두 번쯤 쓸 일이 있다.
제대혈 키트	제대혈을 사놓았다면 반드시 챙겨야 한다. 분만실에서 의사나 간호사에게 바로 건네면 된다.

· 산모용품

세면도구	**치약, 칫솔, 샴푸, 린스, 바디워시, 바디로션, 수건, 비누 등**	여행갈 때 챙기는 정도로 준비하면 된다.
	구강청정제	처음엔 이 닦기도 힘들고, 출산 직후에는 잇솔질조차 안 좋다는 말도 있으니 얼마간은 구강청정제 사용을 권한다.
	샤워타월	준비된 곳이 의외로 없다. 챙기면 유용하게 쓰인다.
화장품	**기초화장품, 튼살 크림, 입술 보습제**	개인 성향에 따라 간단한 색조 화장품을 추가한다.
속옷	**팬티, 브래지어, 내복, 수면양말, 면 티셔츠, 레깅스 등**	계절에 따라 변수가 있지만, 산후에는 가급적 몸을 따뜻하게 하는 게 좋다. 물론 환자복을 입고 있을 때는 속옷이 필요 없다.

산모 패드	출산 직후 나오는 피를 받아내는 패드인데, 병원에서 주니까 미리 챙길 필요는 없다. 특정 상품을 사용하고자 할 때만 준비한다.
손톱깎이	의외로 집 밖에 오래 있을수록 필요하다.
회음부 스프레이	자연분만한 경우에 필요하다.
머리끈, 머리띠	오랫동안 씻지 못할 가능성이 높다. 헤어스타일을 고려해 준비한다.
수유 패드	병원이나 조리원에 있으면 환자복이나 유니폼만 입고 있다가 수유를 바로바로 하기 때문에 크게 필요하지는 않다. 샘플로 얻을 기회도 많아서 필수 품목은 아니다.
손목 보호대	수유를 계속하면 손목에 무리가 갈 수가 있다.

· 기타용품

| 휴대전화 충전기, 노트북, 책, 산모수첩, 기억자형 빨대, 일회용 컵과 접시, 티슈, 물티슈, 슬리퍼 | 산모가 시간을 보내기 위한 물품을 준비한다. 산모수첩은 신분증 대신 사용할 수 있다. 기억자형 빨대는 누워 있는 상황에서 무척 유용하다. 티슈와 물티슈도 쓸 일이 많고, 슬리퍼는 병원에서 지급하지 않는 경우가 많다. |
| 병원, 조리원에서 나올 때 입을 옷 | 병원과 산후조리원에서 15일에서 3주 정도 머물게 된다. 그사이 날씨가 바뀌어 있을 때를 고려해 입고 벗기 편한 옷을 준비하도록 하자. |

출산에 대한 막연한 두려움은 금물

가방까지 싸고 나니 '이제 진짜 얼마 안 남았구나' 훅 실감이 났다. 그러면서 스멀스멀 눌러두었던 두려움이 밀려왔다.

중학생 때 학교에서 성교육을 해준답시고 출산 동영상을

보여준 적이 있다. 영상은 아름다운 남녀 한 쌍이 노을 지는 바닷가를 뛰노는 것으로 시작한다. 그리고 다음 장면, 여자가 산부인과에서 초음파를 들여다본다. 뿌연 흑백 화면 위에서 태아가 움직이는 게 보인다. 그렇게 어찌어찌 이야기가 전개되다가 드디어 운명의 날, 여자가 아이를 낳으러 병원에 온다. 그다음부터는 충격과 공포다. 회음부를 절개하고 피와 오줌이 솟구치고 산모 다리 사이로 울부짖는 아기 머리가 나오고 태반이 쏟아지고, 으악! 하지만 진짜 충격은 마지막 장면이다. 망할 놈의 남자와 여자가 노을 지는 바닷가를 뛰노는 것으로 영상이 끝난다. 젠장, 저 난리를 겪고도 또?

어린 시절 이런 교육 영상을 본 탓에 나에게 출산은 바로 저 장면으로 각인되었다. 그런데 이제 그 과정에 내가 참여하게 된다. 관객이 아니라 주인공으로! 차이가 있다면 영상 속 여자는 얼핏 봐도 20대 중반인데 나는 40대 고령 산모라는 점, 그 여자는 전치태반 진단도 받지 않았고 조산의 위험도 없었다는 점이다. 편집기술 덕분에 진통도 거의 없고, 음소거를 한 덕분에 비명도 없었으며, 출산하자마자 바닷가를 뛰놀 수 있었다는 점도 다르다.

현실 속 여성인 나는 과연 어떤 출산을 할까. 누구는 아기 낳다가 허리가 부러지는 줄 알았다고 하고, 누구는 24시간 진통 끝에 결국 제왕절개를 했다고 한다. 반면 누구는 병원에 도착한 지 30분 만에 그냥 쑤욱 낳았다고 했다. 나는 어떤 경우에 해당할까. 진통은 얼마나 아플까. 뱃속 아이가 머리가 큰 편인데 자연분만을 할 수 있을까. 회음부 절개는 얼마나 고통스러울까. 의사와 간호사 앞에서 내 몸을 다 드러내면 부끄럽지 않을까. 자연분만을 고집하다가 하지 않아도 될 고생만 했다는 증언이 쏟아지는 마당에 제왕절개를 선택하는 게 맞을까. 큰 수술은 한 번도 해본 적 없는데…….

부모님은 상황이 어찌될지 모르니 출산만큼은 이름 짜한 큰 병원에 하길 바라셨다. 하지만 나는 지금 다니는 병원이 산부인과 전문병원이고, 응급처치도 가능해서 그곳에서 분만하기로 했다. 출산만을 위해 새롭게 병원을 찾아보고, 다시 선택하고, 의사를 정하는 것도 번거로운 일. 애초에 출산 후까지 염두에 두고 병원을 선택한 게 다행이었다.

조산을 걱정했던 나는 임신 35주가 지나서야 한숨을 놓았다. 하지만 새로운 고민이 다시 시작되었으니, 이번엔 예정일을 넘기면 어쩌나 전전긍긍했다. 유도 분만을 해야 하나. 엄청 아프다는데. 그래도 기왕 낳을 거 빨리 낳고 몸이 좀 편한 게 낫지 않을까. 의사에게 대체 언제 병원에 와야 하냐고, 진통이라는 걸 어떻게 아느냐고 물었다. 그랬더니 하는 말이 "진통이 시작되면 다 알게 될 겁니다". 신탁과 크게 다르지 않은 대답을 듣고 돌아와 진통이 오는 그날까지, 잠도 제대로 못 자고 초 예민한 상태로 지냈다.

결국 나는 예정일을 이틀 넘겨 제왕절개로 아이를 낳았다. 낳고 보니 무지가 공포를 키웠을 뿐, 출산은 드라마에서 보여주는 것처럼 그렇게 정신없거나 혼란스럽거나 고통스러운 과정이 아니었다. 중학교 시절에 각인된, 출산에 대한 막연하게 부정적이었던 인식도 기쁘고 벅차고 감격스러운 경험으로 대체되었다.

때로는 아는 것이 고통이다. 그 앎이 편협한 지식과 빈곤한 경험에 바탕을 둔 것이라면 더더욱.

아기를 생각하면 먼지조차 용서가 안 돼

사실 남편과 둘이 사는 동안에는 먼지가 별로 신경 쓰이지 않았다. 둘 다 물건을 잘 못 버리는 성격이라 나날이 쌓여가는 잡동사니들도 언젠가 쓰겠지 하고 내버려두었다. 그런데 이제 아기가 생긴다고 하니 어느 것 하나 예사로 보이지 않았다. 침대며 바구니며 아기용품도 속속 들여놔야 하는데 바늘 하나 꽂을 틈도 없었고, 저 먼지가 다 아기 폐로 들어갈 거라고 생각하니 정말 끔찍했다. 그뿐인가. 산후도우미가 2주간 동고동락할 것이고, 가족이며 친구며 아기를 보러 들락거릴 터였다. 이래저래 대청소가 불가피한 상황이었다.

주말마다 남편은 옷장 위며, 냉장고 뒤며, 소파 밑이며 그간 방치해둔 곳을 치우느라 진땀을 쏟았다. 지난 2년간 한 번도 사용 안 한 물건은 미련 없이 버렸고, 같은 방식으로 옷장도 정리했다. 집 안 곳곳에 바람이 새는 곳은 없는지, 곰팡이 핀 곳은 없는지 확인했다. 그사이 나는 틈틈이, 무리가 가지 않는 한에서

커튼도 빨고, 걸레도 삶고, 가구도 재배치했다. 그러다 보니 문득 잊었던 지난일이 생각났다.

결혼하기 한참 전이다. 유학을 마치고 돌아왔더니 집 분위기가 이전과 많이 달라져 있었다. 나와 동갑인 오래된 아파트가 마루도 새로 깔고, 여기저기 부서진 곳도 수리하면서 완전히 새집이 되었던 것이다. 당시는 아무 감흥 없이 변화를 받아들였었는데, 이제와 생각해보면 그때 부모님 마음이 지금 내 마음이었던 것 같다. 아무리 나이를 먹어도 부모에게 자식은 늘 약하고 안타까운 존재인 모양이다. 태명이를 통해, 나는 이렇게 부모의 마음에 가닿았다.

이름 짓는 시간이 이렇게 행복할 줄이야

남편과 즐겁게 함께한 일도 있다. 아이 이름 짓기다. 이게 쉬울 것 같지만 생각처럼 만만한 일이 아니다. 만약 항렬을 엄수하는 집이라면 남은 한 자를 놓고 치열하게 고민하게 된다. 다복한 집안이라 먼저 나온 아기들이 많다면 그나마 적은 선택지가 더 줄어든다.

항렬이 없어도 까다롭기는 마찬가지다. 드물되 그렇다고 너무 튀지 않으면서, 부르기 편하고 뜻도 좋으나 너무 거창하지 않으면서, 나이가 들어서도 놀림받지 않을 이름. 여기에 글로벌 시대에 외국인이 발음하기 어렵지 않은 이름이라는 조건까지 더

해지면, 남북한 6자회담 개최보다 이름 짓기가 더 어려워질 판이다. 그렇다고 마냥 쉽게 갈 수는 없었다. '이름은 가장 짧은 주문'이라는 말도 있지 않은가. 지금 우리가 짓는 이름이 아이가 평생 가장 많이 듣게 될 말이라고 생각하니, 최대한 좋은 이름을 지어주고 싶었다.

그럼에도 처음에는 둘 다 농담만 해댔다. 성에다 붙였을 때 단어가 되는 이름만 주워섬기는 식으로. 이를테면 남편이 "황씨니까 '황장군' 어때?"라고 하면, 나는 "비홍은? 황비홍 괜찮지 않아?" 하면서 깔깔거렸다(태명이는 사내아이였다).

이 시기가 지나자 텔레비전에서 번듯하고 잘생긴 연예인만 나오면 이름을 따다가 성에 붙이는 시기가 도래했다. 황빈, 황우성, 황중기, 황동원, 황인성…… 수많은 이름이 나왔다 사라졌다. 안정기에 접어들었다고는 하나 출산은 아직 먼 일이라 생각했던지, 서로 진지함이라고는 요만큼도 없었다. 당시에는 어처구니가 없어서 웃었는데, 돌이켜보면 함께 즐겁게 고민했던 그 시간이 참 행복했던 것 같다.

임신 때 서운한 건 평생 간다

대학교 때 동아리 커플로 지내다가 결혼한 지인 부부가 있다. 남편도 아내도 다 내 선배라, 졸업한 후에도 가끔 함께 만나곤 했다. 둘 다 워낙 성격이 좋아서 금슬도 괜찮았는데, 첫아이 출산 얘기만 나오면 분위기가 급변했다. 아기를 낳을 때 남자 선배가 회사일 때문에 함께하지 못했던 것이다. 그때 이야기만 시작되면 평소 보살 같은 여자 선배는 도끼눈을 떴고, 남자 선배는 대역죄인처럼 묵묵부답으로 일관했다.

결혼하기 전에는 대체 왜들 이러나 싶었다. 아니, 임신 전까지만 해도 은근히 속으로는 남자 선배 편을 들었다. 대체 지난 세월이 얼만데 아직까지 잊지 못하고 마음에 담아두나, 쿨하지 못하게스리 하면서. 그러나 임신을 하고서는 완전히 생각이 바뀌었다. 여자에게 임신은 정말로, 정말로 큰일이다. 심신이 힘든 건 둘째 치고, 지금까지의 삶을 송두리째 버리고 다른 사람이 되기를 요구받는 일이다. 출산 후 펼쳐지는 인생은 또 다른 문제다.

하지만 남편들은 지금 아내가 얼마나 큰일을 용감하게 선택하고 감당하는지 모른다. 처음 얼마 동안은 입덧 때문에 밥도 못 먹고 아파하는 걸 보며 안타까워하지만, 그게 일상이 되면 곧 시큰둥하니 귀찮아한다. 평생도 아니고 겨우 열 달인데! 이를테면 나는 임신 중에 다리 뭉침이 심해서 자다가 발버둥 치며 일어나는 일이 많았다. 초반에는 남편도 일어나 열심히 다리를 주물러주었지만, 같은 일이 반복되자 점차 나 몰라라 하는 태도를 보였다. 얼마간은 눈 감고 대충 주무르는 척이라도 하더니, 나중에는 아예 깨워도 일어나지 않았다. 새벽에 혼자서 돌아간 발목을 부여잡고 씨름할 때면, 속 편하게 드르렁 코까지 골며 자는 남편에 대한 애정이 싸하게 식는 느낌마저 들었다.

남자들이 회사에서 얼마나 쪼이는지 안다(나도 직장 다녀

임신

볼 만큼 다녀봤다). 스트레스 많은 것도, 날마다 파김치가 돼 집에 돌아오는 것도 안다. 하지만 지금 뱃속에 있는 아기는 내 아이이자 남편의 아이이고, 우리의 아이다. 제발 아내의 심정을 이해하고 공감해주시라. 혹시라도 아이에게 해가 될까 봐 모든 욕망과 거리두기를 하고 있는 고령 산모에게 부디 최선을 다해 잘해주시라. 이때 서운한 건 정말 평생 간다.

아빠도 출산의 주체

임신이 오롯이 여자의 몸에서만 일어나는 신비이다 보니, 남자들은 종종 자기가 아빠가 되었다는 사실을 잊는다. 하지만 분명히 말하건대, 임신과 출산, 그리고 이어질 육아는 부부가 함께 주체가 되는 일이다. 아내가 주체이고 남편은 조력자라는 생각을 가져서는 안 된다.

임신과 출산은 여자만큼이나 남자에게도 많은 변화를 요구한다. 지금까지의 생활 패턴, 우선순위는 당연히 바뀌는 것이다. 전혀 새로운 경험을 하고, 판단을 하고, 결정을 내리는 상황도 수시로 반복된다. 그럴 때마다 함께 머리를 맞대기는커녕 "당신 좋을 대로 하라"며 회피하는 것은, 아내를 배려하는 게 아니라 그냥 무책임한 것이다.

'쿠베이드 증후군(Couvade Syndrome)'이라는 게 있다. 아내가 입덧을 할 때 남편도 헛구역질이나 소화불량 같은 증상을 느끼는 현상이다. 심한 경우 진통까지 경험하는 사람도 있다고 한다. 아내의 임신이 남편의 심리에도 영향을 미쳐 일종의 상상임신을 유발한 것이다. 그러나 남편들이여, 우리는 이 정도 공감까지는 바라지도 않는다. 그저 부부 공동의 일에 책임감을 가져달라는 것뿐이다. 산모가, 아내가 힘들 때 가장 믿고 의지할 사람이 누구겠는가. 제왕절개를 받으러 수술실에 들어갈 때 수술 동의서 보호자란에 서명할 사람, 남편, 바로 당신이다.

임신 중후기, 아빠는 뭘 해야 할까

뭔가 그럴싸해 보이고 싶은 충동을 억누르고 솔직히 말하겠다. 임신 초기, 다소 불안정한 시기가 무사히 지나면 아빠가 할 일은 거의 없다. 열 달 동안 엄마가 아기와 함께 울고 웃으며 애착을 형성하는 사이, 아빠는 그냥 멀뚱멀뚱한 주변인으로 전락한다. 아이가 세상에 나와야만 비로소 자신이 아버지가 되었다는 사실을 깨닫고, 부모로서의 책임감을 느끼게 된다. "아빠는 엄마보다 열 달 늦게 부모가 된다"는 말은 100퍼센트 진실이다.

그렇다고 손 놓고 방관만 해서는 안 된다. 많지는 않지만, 그래도 아빠의 역할은 분명히 있다.

아이 아빠가 된다고 주변에 알리자

이제 임신 사실을 온누리에 알려도 된다. 앞서 말했듯이 처가에 먼저 말씀드리고, 본가에는 조금 시차를 두고 전하는 게 좋다. 우리 집의 경우 때마침 추석이 코앞이었다. 임신 소식을 알려 축하도 받고 아내가 일하지 못하게도 해야겠는데, 그러자니 안 그래도 바쁘신 세 분 형수님들 눈치가 너무 보였다. 고심 끝에 내가 청소며 설거지며 전 부치기며, 아내 몫까지 두 배 일하는 것으로 해결책을 찾았다. 부모님이 "내 아들 부엌 드나드는 꼴은 죽어도 못 본다"며 역정 내는 스타일이 아니셔서 모두가 평화로울 수 있었다.

아내에게 안마, 마사지 서비스를 팍팍

안정기에 접어들면서 아내의 몸은 조금씩 변화가 생기기 시작한다. 배도 나오고 가슴도 뭉치고 다리도 저려온다. 이럴 때 쓸데없이 "자기 일은 스스로 하라"며 자주성을 강조하지 말고, 성심성의껏 안마와 마사지를 해주자. 어차피 튼살 크림을 바를 때가 되었으니 겸사겸사 하면 된다. 특히 등이나 배 아랫부분은 아내 혼자 바르기 힘든 부위이므로 반드시 도와줘야 한다. 이때 그냥 손만 움직이지 말고 아기에게 동화를 들려주든지 대화를 나누든지 하면, 아내도 좋아하고 훌륭한 아빠표 태교도 된다. 사실 40대 남자들은 직장에서 팀장급인 경우가 많아, 바쁘고 힘들고 시간 내기도 여간 어려운 게 아니다. 그러니 자기 전 시간을 '마사지 타임'으로 정해서 아이와 아내와의 교감에 힘쓰도록 하자.

고백하자면 첫아이 때 아내가 유독 다리에 쥐가 많이 났다. 밤중에 혼자 괴로워하며 애쓰다가 정 못 참겠다 싶을 때 나를 깨우곤 했다. 처음 몇 번은 비몽사몽간에 대충 주물러주는 척이라도 했는데, 나중에는 아예 일어나지도 못했다. 잠귀가 어둡다고 둘러대자니, 알람 소리에는 벌떡벌떡 잘도 일어나는 탓에 앞뒤가 안 맞았다. 즉 문제는 귀가 아니라 책임감과 공감능력이었다. 다시 생각해도 미안하고 얼굴이 화끈거린다.

멀티플레이어로 거듭나기

몸이 무거워지면서 아내가 혼자 할 수 없는 일들이 점차 늘어난다. 기왕에 해왔던 집안일과 병원 함께 가기에 더해, 이때부터 남편은 운전기사, 집사, 비서, 헬스 트레이너 등 멀티플레이어가 돼야 한다.

먼저 병원은 물론이고 마트나 출산박람회 같은 사람 많은 곳에 갈 때는 운전기사로 동승하고 쇼핑한 물건들도 들어주자. 정수기 필터 교환 및 정비, 세탁기 내부 청소, 쓰레기 분리수거, 계절 변화에 따른 침구 교체 같은 사사롭지만 반드시 해야 할 집안일들은 집사의 자세로 잽싸게 해결하자. 곧 태어날 아기를 위해 자동차도 안팎으로 말끔히 청소하고, 때에 맞춰 카시트도 달아두자. 집안 대소사와 주변 경조사, 아내의 컨디션은 비서의 심정으로 꼼꼼하게 챙기자. 쉬는 날에는 헬스 트레이너가 되어 아내와 함께 가볍게 산책이라도 하고, 그간 못한 이야기도 나누자. 거실에서 공원으로 장소만 바뀌어도 대화 주제며 분위기며 많이 달라진다.

　　아, 그리고 이때쯤 아내가 자꾸 "이렇게 입으니까 엉덩이가 커 보이지 않아?" "배가 나와서 둔해 보이는 것 같은데 어때?" 같은 질문을 해올 텐데, 그때마다 예쁘다고 괜찮다고 대답해 안심시켜주자.

임신일기 쓰기에 도전!

사실 이건 나도 못 해봤다. 바빴다고 말하고 싶지만 다 핑계고, 그냥 귀찮고 낯간지러워서 못 했다. 만약 할 수만 있다면 아내에게도, 아이에게도 값진 선물이 될 것이다. 내용은 뭐, 각자 알아서 하시길. 관찰일기(?)도 좋고, 아내나 아이에게 쓰는 편지 형식이어도 좋을 것 같다.

큰애도 세심하게 돌보자

큰아이가 있는 집이라면 아이에게 각별히 신경을 써주어야 한다. 아무리 아이라도 부모의 관심이 어디 쏠려 있는지 눈치로 알고 있다. 장차 자신에게 무슨 일이 닥칠지 예감하며 두려워하기도, 샘을 내기도 한다. 그래서 우리 집은 아내가 병원에 갈 때마다 꼭 큰애도 함께 데리고 갔다. 초음파실에도 같이 들어가 아기 심장 소리를 들려주면서 "얘가 네 동생 기쁨이(둘째 아이의 태명이다)야. 기쁨이가 태어나면 너는 형아가 되는 거야. 열 달 후에 기쁨이랑 형아랑 다 같이 신나게 놀자"고 말해주었다.

스킨십을 평소보다 더 많이 하고, 주말마다 극장이나 동물원에 데리고 다니면서 에너지가 방전될 때까지 실컷 놀아주었다. 그래서인지 우리 집 큰애는 엄마에게 매달리며 응석 부리는 일이 적은 편이었다. 심지어 출근할 때도. 동생이 태어나고서도 우울해 하거나 말썽을 부리거나 몰래 괴롭히는 일도 없었고, 지금도 사이좋게 잘 지낸다.

출산일 시뮬레이션은 반드시 해볼 것

아내가 출산 가방을 싸기 시작하면 때가 임박한 것이다. 이때부터 남편들은 진통이 오는 순간부터 출산까지 어떻게 행동할지를 미리 시뮬레이션 해봐야 한다. 특히 경험 없는 초짜 부부라면 남편이 침착해야 아내도 덜 당황할 수 있다.

이 시기에는 진통이 언제 어떻게 올지 모르니 술은 절대로, 반주로 한두 잔도 마시지 말아야 한다. 휴대전화는 항상 켜놓고, 배터리도 빵빵하게 충전을 시켜놓도록 하자. 자동차에도 기름을 가득 채워두되, 집 앞에 차가 빽빽이 들어선 골목이 있다면 차를 이용하지 못할 경우를 대비해 '플랜B'를 짜놓자. 새벽에 진통이 왔는데 일일이 차를 빼달라고 전화하다가는 급박한 상황에

임신

처할 수도 있다. 콜택시든 구급차든 다른 이동수단을 생각해두어야 한다. 이때 아내가 싸놓은 출산 가방은 꼭 챙겨야 하지만, 정신이 없어서 못 가져왔더라도 나중에 가져오면 되니 너무 연연할 필요는 없다.

만일의 경우를 대비해 도움을 청할 곳도 미리 정해놔야 한다. 특히 큰애가 있는 집은 새벽에 진통이 올 경우 부모님이든 친구든, 아이 맡길 곳을 정해야 한다. 상대방과 상의해 미리 동의를 구하는 것은 당연한 일이다.

상황에 따라 제왕절개를 할 것인가 말 것인가도 미리 생각해두면 좋다. 자연분만을 예정했더라도, 출산이라는 게 마음처럼 되지 않는 경우가 부지기수다. 내 아내만 하더라도 첫째 때 예정일이 지나도록 좀처럼 출산할 기미가 보이지 않아 결국 유도분만을 하기로 결정했다. 자연분만보다 유도 분만이 훨씬 더 고통스럽다는 말을 들었지만, 어쩔 수 없었다. 그런데 주사를 맞고도 좀처럼 아이가 내려오지 않았다. 아내의 무시무시한 진통이 두 시간 동안 끝날 줄 모르고 계속되자, 의사가 더 이상 안 되겠다며, 당장 수술을 해야겠다면서 수술 동의서를 내밀었다. 그 말을 듣는 순간 머리가 멍해졌다. 수술 생각은 꿈에도 한 적이 없던 터라 어떻게 해야 할지 감이 안 왔다. '수술 도중 사망할 수 있습니다'라는 불길한 문구가 자꾸 눈에 밟혔다.

"잠깐 생각을 좀 해보겠다"며 밖으로 나와 장모님께 전화를 드렸다. 번호를 누르는 손이 덜덜 떨렸다. 잔뜩 겁에 질린 나와 달리 장모님은 "수술해야 한다면 해야지"라고 너무나 쿨하게!

선선히! 대답을 주셨다. 그 말씀에 용기를 얻어 동의서에 사인을 했고, 아내는 무사히 첫애를 출산했다.

　　의사가 수술해야 한다고 말했다면 수술은 이미 불가피한 상황이다. 동의서를 내밀면 사인하고, 현대 의술을 믿고 기다리시라. 참고로 의사가 강력하게 권유한 게 아니라면 유도 분만은 가급적 선택하지 않았으면 한다. 준비가 안 된 아이를 억지로 내보내는 일이라 그런지, 진통이 정말 눈뜨고 볼 수 없을 지경이었다.

4장
출산

이형기 ········· 최정은 ·······

이형기: 어느새 출산에 대해 이야기를 나눌 시간이네요. 오늘은 출산에 대한
생생한 이야기를 듣기 위해 최정은 씨가 출산하고 입원에 있는 병원
을 찾았습니다. 그리고 최정은 씨 남편 분도 모셨습니다. 안녕하세
요, 황정호 씨. 출산할 때 어떤 생각을 하셨나요? 우선, 최정은 씨부
터 이야기를 들려주시죠.

최정은: 세상의 모든 자식들은 엄마에게 고마워해야 합니다. 출산 때 장난 아
니게 아파요. 저는 힘쓰는 데까지 가지도 못했어요. 자연분만이 힘들
것 같다고 했고, 저도 도저히 버틸 수 없었어요. 결국 남편이 수술하

자고 해서 그렇게 했죠. 원래는 병원에 갈 때 급하면 제가 운전하려고도 했는데 운전은 개뿔……. 자연분만도 할 수 있지 않을까 기대했는데 아무래도 제가 오만했던 것 같아요.

황정호 : 아내가 제왕절개를 할 때 저는 밖에 나와 있었어요. 그러다 갑자기 저를 부르더니 탯줄을 자르라네요. 뭐가 뭔지도 모르는 상태에서 시키는 대로 했죠. 분만 과정을 보면 감동을 느낀다는데 사실 실감이 안 났어요. 아내가 진통할 때마다 힘들어하니까 지켜보는 저도 힘들고, 무엇보다 걱정이 많았어요. 솔직히 아이보다 아내가 더 걱정됐습니다.

최정은 : 왜 그렇게 걱정을 했나요?

황정호 : 아무래도 아내 나이가……. 탯줄 자르기 전에 분만실 앞에서 기다리고 있는데 전광판에 산모 이름과 나이가 표시되는 거예요. 빠르면 20대 후반이고 대부분 30대 초중반이었어요. '저 시기에 아이를 많이 낳는구나' 생각했죠. 그런데 갑자기 아내 이름과 함께 '42세'가 딱 뜨는 겁니다! 그때야 뭔가 확 실감이 나더라고요. 아내가 노산이었구나.

최정은 : 아니, 도대체 나이는 왜 보여주는 거야!?

출산

예정일이 가까울수록 고령 산모의 몸과 마음은 점점 무거워진다. 배는 부풀대로 부풀어 올라 스스로 감당이 안 될 정도다. 태아가 장과 방광을 짓누르면서 변비는 더 심해지는 반면, 요의는 더 자주 느낀다. 어떻게 누워도 몸이 편치가 않아 가뜩이나 잠이 안 오는데, 몇 시간마다 화장실을 들락거리다 보면 오던 잠도 달아날 판이다.

　　그렇게 밤을 지새우다 보면 이런저런 생각으로 머리가 복잡해진다. 내일모레면 출산이라는 전인미답의 경험을 하게 될 텐데 아이는 손발 멀쩡히, 건강하게 태어날까. 고령에 자연분만이 가능할까. 닥치면 알게 된다는 진통의 정체는 과연 무엇이며, 얼마나 아플까. 하늘이 노래진다는 표현은 과장일까 아닐까.

다양한 선택지에 따라 경험할 수 있는 것과 없는 것이 나뉘겠지만, 한 가지 공통된 것이 있다. 예정된 수순을 따라 마침내 건강한 아이를 품에 안으리라는 사실이다. 그 순간 고통으로 짓눌렸던 몸은 홀가분해지고, 새로운 생명을 맞은 기쁨과 환희가 자리를 대신할 것이다. 그러니 조금만 더 버티시길. 그날이 머지 않았다.

엄마 생각이 나던 고통의 시간

진통   Q

진통은 한밤중 느닷없이 들이닥쳤다. 낮에 멀쩡하게 정기검진을 받으러 직접 차를 몰고 병원에 다녀온 날이었다. 혹시 예정일이 지나도 안 나오면 유도 분만을 하자는 이야기를 하고 왔더랬다. 그때 의사가 지나가듯이 했던 말, 오늘 밤에라도 갑자기 진통이 올 수 있다는 그 말이 마치 예언처럼 실현된 것이다.

새벽 2시, 배가 아파서 잠이 깼다. 설사가 난 것 같은 느낌이었다. 남편은 코를 골며 자고 있었다. 화장실에 가봤지만 아무 일도 일어나지 않았다. 대수롭지 않게 여기고 잠자리에 돌아왔는데 곧 다시 배가 아파왔다. 이번에는 아픔의 본새가 달랐다. 조금 전에 싸르르하게 아팠던 것이, 이번에는 훨씬 세게 찌르듯이 아팠다. 시간이 갈수록 강도가 점점 세지자, 그제야 확신이 섰다. 왔구나! 정말 닥치니까 알게 되는구나!

남편을 깨우기에 앞서 샤워부터 했다. 어차피 출산 때 힘쓰고 땀 빼느라 더러워질 테지만, 그래도 낯선 사람들에게 내보이기 전에 몸을 씻는 게 예의일 것 같았다. 아기를 낳으면 며칠 동안 샤워는 물론 머리 감는 것도 언감생심일 터, 할 수 있을 때 해놓아야 한다는 생각도 들었다. 진통이 오면 배를 부여잡고 멈춰 있다가, 고통이 수그러든 후에 씻기를 반복하느라 샤워하는 데 꽤 오랜 시간이 걸렸다.

이제 남편을 깨워야 할 차례다. 다리가 뭉쳐서 괴로워할 때는 아무리 깨워도 들은 체 만 체 잠만 자던 남편이, "진통이 온 것 같다"고 속삭이자 단번에 일어나 병원 갈 채비를 했다. 나도 대충 머리를 말리고 옷을 입으려는데, 진통이 점점 심해져서 그조차 쉽지가 않았다. 바짓가랑이 사이에 다리 하나 넣고 배를 싸안고 있다가 다시 엉거주춤 다리 하나 넣고, 윗도리를 입다가 또 아파 주춤거리고…… . 겨우겨우 옷을 꿰입고 밖으로 나왔다. 새벽이라 도로에 차가 없어서 평소보다 빨리 병원에 도착했지만, 오락가락하는 진통 때문에 천 리 길처럼 멀게 느껴졌다.

병원에 도착하자마자 환자복으로 갈아입고 대기실 침대에 누웠다. 남은 일은 자궁 문이 열리기를, 날이 밝아 의사들이 출근하기를 기다리는 일뿐이다. 이럴 줄 알았으면 집에서 좀 더 편하게 있다 올 것을, 잠시 후회했을 만큼 이때까지는 정신이 말짱했다. 하지만 산도가 열릴수록, 그래서 진통이 점점 심해져올

수록 고통은 육체를 넘어 정신까지 장악했다. 온몸을 뒤틀고 신음하는 와중에, 나도 모르게 엄마 생각이 났다. 우리 엄마가 이렇게 힘들게 나를 낳으셨구나. 이런 일을 한 번도 아니고 세 번이나 겪었구나……. 오며 가며 간호사가 자궁 문이 더 잘 열리게 촉진시켜야 한다면서 질 입구를 후벼대는 듯한 처치를 해주었다. 그 느낌이 몸서리치게 괴롭고 찝찝하고 싫었다.

돌이켜보면 이때가 출산 과정 가운데 가장 힘든 시간이었던 것 같다. 나는 아파 죽겠는데 간호사는 심드렁하게 아직 멀었다는 말만 반복하는 일이 계속되었다. 몇 번째인지 진통이 왔을 때는 정말 이러다 허리가 부러져 죽겠구나 싶을 만큼 괴로웠다. 몇 번쯤 정신이 아득해졌고, 몇 번쯤은 까무러치기 직전까지 내몰렸다. 사십 평생 오만 가지 일을 다 겪었을 남편도, 당시는 내가 정말 어떻게 되는 거 아닌가 싶어 무서웠다고 한다. 하지만 남편이 할 수 있는 일이라고는 손을 꼭 잡아주는 것 말고는 아무것도 없었다. 솔직히 진통이 절정에 달했을 때는 머리를 쓰다듬는 손길이고 뭐고 다 귀찮았고, 진통을 측정하는 계기판을 보면서 "온다, 온다" 소리치는 남편의 목소리까지 듣기 싫을 정도로 짜증이 났다.

그런데 바로 그때 초음파며 뭐며 여러 검사를 하던 간호사가 지나가듯이 한마디 툭 던졌다.

"아기가 큰데다가 노산이라 다른 산모들보다 두 배쯤 진통이 심하다고 보시면 돼요."

의식 너머에서 이 말을 듣는 순간 정신이 확 들었다. 뭐라고? 노산이라 진통이 두 배라고? 나이 들어 임신한 게 뭐 그리 큰 잘못이라고, 여태껏 고생한 것도 모자라 진통까지 두 배로 겪어야 한단 말인가. 어지간한 일은 대수롭지 않게 넘기던 나도, 이때만큼은 자신감이 확 꺾이며 의기소침해졌다.

무사히, 안전하게 출산하는 것이 최우선

제왕절개   Q

고령임신인 경우 처음부터 제왕절개를 선택하는 일이 많다. 산모와 아기의 위험부담을 최소화하려는 생각에서다. 막달에 진료를 받으러 다니는 동안 담당 의사도 '안전을 위해' 수술을 하면 좋겠다는 뜻을 은근히 내비쳤다. 그런데도 나는 못 들은 체 자연분만을 고집했다. 자연분만이 왠지 엄마나 아이 모두에게 부담이 덜할 것 같았고, 기왕 임신한 거 진통과 산통을 한번 겪어보고 싶기도 했다. 아프면 뭐 얼마나 아플까, 만만히 생각했던 모양이다. 무식하면 용감하다고, 아무것도 모르는 초짜 엄마라 가능한 객기였다.

예후도 확연히 달랐다. 자연분만한 산모는 출산하고 사흘 후에 퇴원할 수 있을 정도로 쌩쌩하다. 물론 회음부 절개를 하기 때문에 아예 안 아프진 않겠지만, 그래도 어느 정도 거동할 만큼은 된다. 몸이 회복되는 속도도 상대적으로 빠르다. 반면 제왕절개한 산모는 출산 후 진통제에 의지해 일주일 이상을 자리보

전해야 한다. 조리원에서 가서도 자연분만한 산모는 멀쩡히 걸어 다니지만, 수술한 산모는 얼마간 '환자'로 지낸다. 경험한 바, 제왕절개 후 첫날에는 꼼짝없이 누워만 있었고, 이튿날 진통제에 의지해 겨우 일어나 앉았으며, 셋째 날 남편이나 보조기구에 의지해 몇 발짝 뗄 수 있었다. 사흘 만에 병원에서 퇴원해 산후조리원에 가서도 일주일 동안은 허리도 제대로 못 펴고 다녔다. 나는 출산 후 가급적 빨리 회복해 아기와 가까이 지내고 싶었다.

진통이 시작되고 몇 시간까지만 해도 이 결심은 변함이 없었다. 하지만 임계점을 훌쩍 넘는 고통이 날이 밝도록 계속되자 체력과 인내심이 다 바닥났다. 고령 산모라 진통이 두 배라는 말도 의지를 꺾었다. 이대로 가다가는 내가 먼저 죽겠구나 싶어서, 거의 자포자기의 심정으로 수술을 결정했다. 고통을 멈출 수만 있다면 뭐든지 할 수 있을 것 같았다.

수술방에서 의식을 잃기 직전까지도 나는 "수술하면 안 아픈 거죠?"라고 확인에 확인을 거듭했다. 의사는 웃으며 "그럼요. 지금 상황에서는 수술이 맞고요. 이제 안 아프실 거예요"라고 대답했다. 이것이 내가 같은 의사에게 두 번 속은 사연이다. 안 아프기는 개뿔, 마취 풀리고 나니 엄청 아프더고만!

보통 제왕절개는 진통을 겪지 않고자 할 때, 원하는 때에 아이를 낳고 싶을 때, 태아가 거꾸로 섰거나 산모에게 당뇨와 고혈압 질환이 있어서 수술이 불가피하다고 판단될 때 하기 마련이다. 나는 둘 다 아니었다. 미련하게 진통은 진통대로 다 겪고, 수술은 수술대로 받은 케이스였다. 그런데 사람 마음이 참 간사

한 것이, 그렇게 아이를 낳고 나자 금세 다른 생각이 들기 시작했다. 조금 더 버텼으면 어쩌면 자연분만을 했을지 모른다는 생각, 의사와 간호사가 상술에 찌들어 나에게 비싼 수술을 권했다는 생각. 아기와 내가 평생 단 한 번밖에 경험할 수 없는 귀중한 순간을 빼앗겼다는 데까지 생각이 미치자, 억울하고 분한 느낌마저 들었다. 하지만 이런 마음은 곧 커다란 깨달음과 함께 무마되었다. 지인이 하는 말이, 건너건너 아는 사람이 나와 비슷한 상황에서 자연분만을 무리하게 시도하다가, 결국 산소 공급이 제대로 안 돼 아이에게 장애를 입혔다는 것이다. 머리를 한 대 맞은 듯했다. 병원에서 말하는 '위험한 일'이 바로 이런 거였구나.

출산 시 최우선으로 고려할 점은 자연분만이냐 제왕절개냐가 아니다. 내 가치관이 무엇인지 효율성 높은 방법인지 여부도 따질 게재가 아니다. 중요한 것은 산모와 아이가 '무사히' 출산 과정을 마치느냐다. 잘 알지도 못하면서 엉뚱한 사람들을 음해(?)해 미안했다.

진통을 최소화하는 또 다른 분만법

무통분만 Q

진통이 무서워서 마취분만, 이른바 '무통분만'을 택하는 산모도 많다. 초산부는 자궁문이 5~6센티미터, 경산부는 4센티미터쯤 열렸을 때 척추 경막외강에 마취제를 투여하는 방법이다. 진통이

시작된 후에 주사하는데다 완벽한 마취가 아니기 때문에, '무통'이라는 말과 달리 진통을 완전히 없애지는 못한다. 하지만 경험자의 증언에 따르면 약물을 투여하는 순간 고통이 순식간에 경감되는 '기적'을 체험하게 된다. 희미하게나마 통증을 남겨두는 이유는 산모가 힘을 주는 타이밍을 빼앗지 않기 위해서라고 한다.

효과에 대해서는 진술이 엇갈린다. 누구는 '출산의 신세계가 열렸다'고 칭송하는 반면, 전혀 도움을 못 받았다고 툴툴거리는 사람도 있다. 실제로 약 3퍼센트는 약효가 나타나지 않는다고 한다. 드물긴 하지만 두통, 구토, 허리와 등의 통증을 유발하는 부작용이 있고, 정~말 드물긴 하지만 주사를 잘못 놓아 장애를 입는 경우도 있다. 그러니 반드시! 병원에 마취 전문의가 있는지 확인해야 할 것이다. 저혈압이나 피부질환이 있는 사람, 신경계에 이상이 있는 사람, 마취제에 과민 반응이 있는 사람, 허리나 척추질환이 있는 사람은 무통주사를 맞을 수 없으니 참고하시길.

최강 40대 신모로 등극하다

수술이 끝났는데도 정신이 돌아오지 않았다. 회복실에서 두 시간 정도 있다가 일반 병실로 옮겨졌다. 분만실 밖에 남편과 친정식구들이 와 있었다. 정신없는 와중에도 엄마 얼굴이 보였다. 눈이 마주치는 순간, 전혀 그럴 생각이 없었는데도 눈물이 났다. 나도 모르게 "엄마, 나 낳느라고 고생했어요"라고 말했다. 42년 만에,

엄마가 되고 나서야 비로소 엄마의 마음을 알게 되었다. 남편에게 태명이 상태를 물어봤다. 남편은 괜찮다고, 손발도 멀쩡히 다 있고 몸무게도 3.75킬로그램으로 정상이라고 말했다. 열 달 동안 졸였던 마음이 그제야 풀어졌다.

병실에 누워 있는데 오한이 밀려왔다. 이불을 몇 겹씩 끌어다 덮어도 한기가 가시지 않았다. 얼마나 몸이 부대끼면 이럴까, 내가 수술을 하긴 했구나 실감이 났다. 그래도 태명이가 무사히 태어났으니, 그것만으로도 감사한 일이었다.

병실에서는 남편이 내가 너무 안돼 보였던지 우스갯소리를 들려주었다.

"분만실 밖에 앉아 있는데 전광판에 산모들 이름이랑 현재 상황을 계속해서 알려주더라. '최정*(42), 분만 대기' 이런 식으로. 그 이름이 나오고 나이가 딱 뜨니까 사람들이 술렁술렁 하더라고. 20~30대 산모들 사이에 40대 왕고참이 나타났으니까. 신입사원 모임에 부장님이 낀 격이라고나 할까. 아무튼 축하해, 당신. 여기서 1등 먹었어."

대체 나이는 왜 보여주는 거야!?

아기와 엄마의 합이 중요해

모유 수유   Q

산모들끼리 모이는 카페에 들어가 보면 '완모 클럽'끼리 무언의 카르텔이 형성돼 있다. 완모는 '완전 모유 수유'의 준말로, 돌까지 아이에게 모유 외에는 아무것도 먹이지 않는 것을 가리킨다. 완모에 성공했다는 한 산모의 뿌듯한 간증 글이 올라오면, 같은 완모들끼리 너도나도 축하한다는 댓글을 단다. 3, 6, 9개월 수에 따라 등급을 나누고, 서로 얼마 안 남았으니 힘내라고 격려하는 일도 벌어진다. 가슴이 처지고 팔이 굵어지는 등 몸매가 바뀌고, 영양분도 분유가 더 많다고 해서 산모들이 모유 수유를 꺼렸던 10여 년 전 분위기를 생각하면 격세지감도 이만저만이 아니다. 지금은 모유 수유를 하면 아이의 정서에도 좋고 면역력도 높아질뿐더러, 산모의 부기도 더 잘 빠진다는 것이 상식이 되었다.

수술한 이튿날부터 나도 모유 수유를 시작했다. 출산 전 노산이라 젖이 잘 안 돌면 어쩌나 걱정이 없었던 건 아니었는데, 그냥 느긋하게 생각하기로 했다. 안 되면 어쩔 수 없지, 우리 집에서 유일하게 분유 먹고 큰 막냇동생도 저렇게 잘 자랐는데 하면서 말이다(누누이 말하지만, 산모는 최대한 마음 편한 방법을 고안해야 한다).

처음 수유를 할 때는 아기도 나도 익숙지 않아서 고생을 좀 했다. 태명이는 아무리 젖을 빨아도 배가 부르지 않아 징징거렸고, 나는 나대로 허리도 아프고 젖꼭지도 쓰리고 아려서 힘들었다. 유축을 하면 좀 나아질까 해서 시도해봤지만, 젖이 잘 안 나오는 경우가 아니라면 큰 효과는 없는 것 같았다. 결국 아기와 내가 서로 합을 맞추며 익숙해지는 수밖에 없었다. 유축도 하고 수유 쿠션도 바꿔보며 노력한 끝에, 비록 '완모 클럽'에는 들지

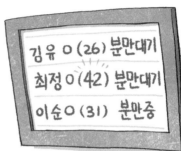

못했지만 8개월 수유까지 할 수 있었다.

원만한 모유 수유를 위한 팁 하나 더. 돈이 부담되는 게 아니라면 출산 후 모유 수유 하는 산모는 가급적 일인실을 쓰라고 권하고 싶다. 내 경우 수유를 시작한 이튿날부터 병실을 다인실에서 일인실로 옮겼다. 가뜩이나 익숙하지 않은데 사람 많은 곳에서 수유하는 게 마음이 편치 않았고, 신생아 때는 두세 시간 간격으로 밤낮 없이 젖을 먹어야 하는데, 그때마다 부스럭대며 다른 사람들에게 피해를 줄까 봐 걱정되었기 때문이다. 옮기고 나니 왜 진작 이 생각을 못했나 싶을 정도로 편하고 좋았다. 태명이도 나도 이때부터 수유가 훨씬 수월해진 느낌이었다. 아무 때나 아기를 데려와 '수유 연습'을 할 수 있는 이점도 있다.

출산 직후는 산모의 심신이 불안정하다. 초산일 경우 수유도 익숙하지 않다. 초유를 먹이는 중요한 때에, 산모가 아이에게만 집중할 수 있는 편안한 환경을 만들어주면 좋을 것 같다.

노산을 대하는 주변인들의 자세

마흔 넘어 아기를 갖기로 한 후로, 나는 매일매일 지뢰밭을 걷는 심정으로 살았다. 임신 전에는 이러다 임신이 안 되는 건 아닌가, 괜히 헛짓거리를 하는 게 아닌가 의심스러웠고, 임신한 후에는 혹시라도 잘못되면 어쩌나 노심초사했다. 앉을 때는 조심조심, 서 있을 때는 심사숙고, 누워서도 마음 편히 쉬지 못했다. 음식도 더 많이 신경 쓰고, 검사도 더 했다. 매사 둥글둥글, 흘러가는 대로 살아왔던 내가 이 정도니, 예민하고 생각 많은 산모들은 아마 상상을 초월하는 불안과 긴장 속에서 살았으리라.

아기를 낳고 나서, 나는 이러한 불안과 긴장을 혼자만 겪은 게 아니라는 걸 알게 되었다. 남편과 가족들은 대충 짐작을 했다. 하지만 지인들, 특히 가까운 친구들까지 그러리라고는 예상을 못 했다. 나중에 들은 얘기지만, 고령 산모를 친구로 둔, 몇몇은 이미 출산을 경험한 그들은 예기치 못한 상황이 벌어질지 모른다는 각오를 얼마쯤 했던 것 같다. 내가 한 번 유산을 했다는 걸 안 친구들은 더더욱 그랬던 모양이다. 출산 예정일이 한참 지나도록 전화를 걸어오는 사람이 없었고, 아기를 낳았다고 말을 해도 구체적인 내용을 물어오지 않았다. 나중에 만나 무사히 낳았다는 말을 듣고서야 하나둘 본심을 털어놓는데, 혹시나 싶어서 먼저 연락을 못 했단다. 나이 들어 임신하는 게 가족뿐만 아니라 지인들까지 걱정시키는 일이라는 사실에 미안하면서도 기분이 묘했다. 고령임신에 대한 인식이 이 정도구나…….

그렇다고 기죽을 필요는 없다. 여태껏 우리는 자기 선택을 책임지기 위해 최선을 다해왔다. 최선을 다했기에 결과를 후회 없이 받아들였다. 임신과 출산도 다르지 않다. 고령임신은 또 다른 나의 선택일 뿐, 주어진 상황에 최선을 다한다면 지금까지처럼 좋은 결과를 얻을 수 있을 것이다.

출산, 아빠는 뭘 해야 할까

드디어 진짜 아빠가 되는 날이 왔다! 첫째 때 아무것도 모른 채 병원에 갔던 풋내기는 이제 없다. 그때 치른 한바탕 난리굿이 든 든한 경험이 되어, 나는 백전노장처럼 여유롭게 기쁨이를 맞을 수 있었다. 더욱이 둘째는 처음부터 제왕절개하기로 결정한 터. 진통으로 급박해질 일은 전혀 없었다.

출산일 아침, 아내가 큰애를 어린이집에 데려다주었다. 평소에는 내가 했던 일이지만, 이날은 특별히 산후조리원에서 나올 때까지 몇 주는 엄마를 보지 못할 첫째를 배려했다. 아이를 보내고 출산 가방을 챙겨들었다. 자, 뭐 빠트린 거 없지? 그럼 슬슬 출발해볼까.

첫째 때 아내는 병원에 가자마자 옷을 갈아입고 유도 분만 주사
를 맞았다. 처음엔 별 반응이 없다가 한 시간쯤 지나자 슬슬 신호
가 왔다. 간호사와 의사가 오가며 아내의 상태를 확인했다. 진통
이 본격화되면서 아내의 고통이 점점 심해졌다. 차라리 내가 아
프고 말지, 아내가 아파하는 모습을 지켜보는 건 진짜 못할 짓이
었다. 그래도 침착하자, 나라도 정신 차리자 되뇌면서 진통이 올
때마다 마치 뭔가 안다는 듯이 아내에게 계속 말을 걸었다.

"자자, 숨을 길게 들이마시고 하나, 둘. 옳지, 잘했어. 다시
한 번 하나, 둘⋯⋯."

진통이 잠시 물러가면 땀도 닦아주고 입술에 물도 축여
주었다. 사실 이것 말고는 남편이 할 일은 거의 없다. 고통은 오
롯이 아내의 몫이다.

하지만 수술하기로 한 둘째 때는 완전 딴판이었다. 아마
평화가 이런 것이겠지. 우리 부부는 수술실에 들어가기 전까지
이런저런 대화를 나누는 것도 모자라, 팟캐스트 방송에 쓸 내용
까지 녹음했다! 아내도 마냥 누워 기다리고만 있었다면 수술시
간까지 무척 버티기 힘들었을 듯한데, 덕분에 심란한 마음을 달
랠 수 있어 좋았다고 했다.

수술실 앞에 앉아 얼마쯤 기다렸는데 간호사가 나왔다.

"보호자 들어오세요."

그 말을 따라 들어가 보니 새빨간 아기가 울면서 기다리고 있었다. '저 아이가 내 아인가.' 사랑스럽다기보다는 어색했다. 간호사가 탯줄을 자르라고 수술용 가위를 건넸다. 한 번에 썩둑 잘릴 줄 알았는데 의외로 질겨서 잘 안 잘렸다. 힘껏 몇 번씩 가위질을 해서 겨우 잘라낼 수 있었다. 그때의 손맛(?)이 너무 세서 다음 장면들은 기억이 잘 나지 않는다. 다만 탯줄을 괜히 생명줄이라고 하는 게 아니구나, 하는 강렬한 깨달음과, 기쁨과 뒤섞인 책임감만은 아직까지 생생하다.

듣자 하니 탯줄 자르기도 병원마다 다른 것 같다. 자를지 말지 부부에게 선택권을 주는 병원, 제왕절개는 못 자르고 자연분만만 자르게 하는 병원, 자연분만과 제왕절개 다 안 되는 병원 등등. 그러니 지금 다니는 병원 방침이 어떤지 한번 알아보자. 그 전에 산모와 먼저 의논하는 것 잊지 말고. 남편이 출산 과정에 참여하는 걸 싫어하는 산모도 종종 있다.

수고한 분들께 작은 성의 표시를

산모와 아기 모두 무사히 출산 과정을 통과했다면, 의사와 간호사 등 수고한 사람들에게 작은 성의라도 표하는 게 도리일 것이다. 음료수는 가장 무난한 아이템이다. 초콜릿이나 쿠키는 좀 더 센스 있어 보일 것이다. 아내가 병원에 있는 내내 함께 계실 장모님께는 좋아하는 간식거리를 챙겨드린다든지, 저녁에 맛있는 것을 대접한다든지 하며 특별히 신경을 쓰자.

집안일 챙기다 보니 어느덧 아내가 컴백홈

임신 전부터 해왔고, 임신 기간에는 더더욱 비중이 늘어난 집안일 스킬이 비로소 빛을 발할 때가 왔다. 아내가 병원이나 산후조리원에 있는 동안 큰애를 챙기는 것은 전적으로 내 몫이 된다. 장보고, 요리하고, 먹이고, 씻기고, 입히고, 재우고, 어린이집에 보내고 데려오는 등등의 일을 모두 혼자 해야 한다는 뜻이다. 운 좋게 처가나 본가가 가까이에 있다면, 또는 산후도우미를 고용했다면 큰 도움이 되겠지만, 그래도 잊지 마시길. 자녀 양육은 전적으로 부부가 공동의 주체가 되어 할 일이다.

다행히 우리는 이미 1년여 동안 이런 일에 익숙해져 있었다. 주말마다 놀아준 보람이 있어, 아이도 엄마 없이 아빠와 지내는 것을 어색하지 않아 했다. 아니, 오히려 뭔가 달라졌다는 걸 눈치 채고 평소보다 좀 더 의젓하게 굴었던 것 같다. 그렇게 쌓아온 팀워크를 발휘하다 보니 어느덧 아내가 돌아올 시간이 돼 있었다.

5장
출산 이후

이형기

최정은

팟캐스트 POD CAST
현장중계

이형기: 드디어 출산을 했는데, 어떻게 지내고 있나요?

최정은: 힘든 생활을 하고 있어요. '아기가 뱃속에 있을 때 가장 편하다'는 말이 실감나더군요. 일하랴 애 보랴. 그래도 그것을 버티게 하는 원동력이 바로 아이입니다. 예뻐요. 참게 되네요. 지금보다 어릴 때 가졌으면 어땠을지 모르겠는데 나이 먹어서 낳으니 좋은 점도 있는 거 같아요. 마음가짐도 상황도 달라서 노산이 나쁜 것만이 아닌 것 같아요.

이형기: 그렇죠. 아이의 힘이죠. 제가 아내와 남편이 함께하기를 늘 강조했는데 출산 후는 더더욱 그래요. 이제 예비아빠 엄마가 아닌 진짜 아빠 엄마로서 팀워크를 발휘해야 할 시간입니다. 아내가 병원이나 산후조리원에 있는 동안 큰애를 챙기는 것은 전적으로 남편 몫이에요. 장보고, 요리하고, 먹이고, 씻기고, 입히고, 재우고, 어린이집에 보내고 데려오는 등등의 일을 모두 혼자 해야 한다는 뜻이죠. 물론 육체적·경제적 부담도 있지만 부모라는 이름은 의지를 불태우게 합니다. 이때 중요한 게 바로 마이웨이. 남들과 비교는 쓸데없죠.

최정은: 주위에서 들은 이야기대로라면 영어유치원에, 선행학습에, 특수목적고등학교에, 어학연수에, 유학에, 자녀교육을 위해 부모가 투자해야 할 돈과 시간이 장난이 아닙니다. 그런 걸 생각하면 걱정이 많지만 결론은 내 길을 가는 겁니다. 모든 사람이 다 같은 삶을 살 수는 없죠. 저마다의 인생이 있고, 각자 그 안에서 최선을 다할 뿐입니다. 지금 내 옆에는 인생을 송두리째 뒤바꿔놓은 아이가 있어요. 나는 이 아이를 위해 할 수 있는 모든 일을 다할 겁니다. 최선을 다해 사랑할 것이고, 힘이 닿는 한 안아줄 것입니다.

'아기는 뱃속에 있을 때가 가장 편하다'는 말이 있다. 사실이다. 뱃속에 품고 있을 때는 아무리 아프고, 무겁고, 힘들더라도 내가 얼마든지 통제할 수 있다. 하지만 세상 밖에 나온 아기는 통제불능이다. 지금뿐만 아니라 앞으로 쭉 그럴 것이다. 그뿐인가. 먹이고, 입히고, 재우고, 놀리고, 가르치고……. 신경 쓰고 돈 들어갈 일이 천지다. 그러나 동시에 울고, 웃고, 딸꾹질하고, 나와 눈 맞추는 아기를 곁에 두게 된다. 나날이 자라는 아기, 하루하루 나와 닮아가는 아기, 존재 자체로 기쁨을 주는 아기.

두 세계는 평행우주라 결코 만나는 법이 없다. 힘든 건 힘든 거고, 사랑스러운 건 사랑스러운 거다. 그런데 그 사랑스러움이 세상 모든 고난을 다 녹이고 덮어버린다. 믿기 어렵겠지만, 사실이다.

나는 이런 부모가 될 것이다

아기가 무사히 태어난 것으로 걱정이 끝났다고 생각하지 마시길. 고민거리는 늘 가까이 상주하고 있다. 대체 이 아이를 어떻게 키워야 할지 나는 벌써부터 답답하다. 마흔둘에 아이를 낳았으니, 이 아이가 초등학교에 입학할 때는 쉰 언저리. 고등학교를 졸업하기도 전에 남편과 나는 환갑이 된다. 우리 부부는 "아이가 환갑 잔칫상은 못 차려줄 것 같다"며 하하 웃었다.

　　하지만 진짜 문제는 환갑 잔칫상이 아니다. 아이가 지칠 때까지 놀아줄 체력이 될까, 하고 싶은 것 마음껏 하도록 뒷바라지해줄 재력은 될까, 한창 돈 들어갈 때 은퇴라도 하면 그다음은 어떻게 해야 하나, 마음껏 사랑해주지도 못했는데 먼저 떠나게 되면 어쩌나……. 친정엄마가 늘 막내에게 미안하다고 하신 말씀이 비로소 이해가 갔다. 그중에서도 당장 발등에 떨어진 불은 교육이었다. 주위에서 들은 이야기대로라면 영어유치원에, 선행학습에, 특수목적고등학교에, 어학연수에, 유학에, 자녀교육을 위해 부모가 투자해야 할 돈과 시간이 장난이 아니다. 과연 우리 부부가 이 모든 걸 빈틈없이 잘 해낼 수 있을까.

우리의 결론은 이렇다. 모든 사람이 다 같은 삶을 살 수는 없다. 저마다의 인생이 있고, 각자 그 안에서 최선을 다할 뿐이다. 지금 내 옆에는 인생을 송두리째 뒤바꿔놓은 사내아이가 누워 있다. 나는 이 아이를 위해 할 수 있는 모든 일을 다할 것이다. 최선을 다해 사랑할 것이고, 힘이 닿는 한 안아줄 것이다. 아프지 않게 돌볼 것이고, 혹여 넘어지더라도 툭툭 털고 일어날 수 있도록 단단하게 키울 것이다. 나머지는 여력이 되는 대로 할 것이다. 다른 사람들의 기준에 맞추려고 굳이 애쓰지 않을 것이고, 공연히 다른 아이와 비교하여 내 아이를 마음 아프게 하지 않을 것이다.

그리고 이 모든 일들을 끝까지 잘 해낼 수 있도록 스스로를 관리할 것이다. 환갑이 되어도 쿨하고 건강한 엄마로 곁에 있어줄 것이다. 마흔 넘어 첫아이를 낳지 않았어도 내가 과연 이런 마음가짐을 품을 수 있을까. 고령 산모의 또 다른 장점은, 경험이 많은 만큼 현명하다는 것이리라.

우리 아기에게도 이름이 생기다

> 양육비 지원 신청, 출생신고   Q

출생신고는 아기가 태어나고 한 달 안에 해야 한다. 방법은 간단하다. 병원이나 산후조리원에서 발급받은 출생증명서와 신분증을 가지고 거주지 주민센터나 시청, 구청에 비치된 출생신고서와 함께 제출하면 끝이다. 정해진 기한을 넘기면 5만 원 과태료를 내야 하니 잊지 마시길. 기왕 가는 김에 양육비 지원금을 받을 통장도 챙기면 좋다. 양육비 지원 신청은 온라인 '복지로(online. bokjiro.go.kr)'를 통해서도 가능하지만, 서류도 작성하고 통장 사본도 제출해야 하는 만큼, 출생신고 시 한꺼번에 하면 편하다. 연령에 따라 10~20만 원 지원금을 취학 전까지 받을 수 있다.

한 달이면 기간이 꽤 넉넉하다고 생각되겠지만, 의외로 금방 지나간다. 수술로 출산한 경우 병원에 입원하는 기간이 보통 일주일이다. 여기에 산후조리원에서 2주를 보내고 나면 출생신고까지 일주일밖에 남지 않는다. 만약 아기 이름을 확정한 게 아니라면 그야말로 발등에 불이 떨어진다.

내가 바로 그랬다. 임신 후기에 장난만 쳤지 이름을 확정짓지 못했던 남편과 나는, 마감 일주일을 남기고서야 부랴부랴 회의에 들어갔다. 하지만 끝내 합의에 이르지 못했고, 결국 각자 하나씩 이름을 만들어 작명소에 보냈다. 얼마 후 남편이 지은 이름은 한자가 어려워서 안 되고, 내가 보낸 '시현'과 작명가 본인이 추천하는 이름 두 개를 더해, 총 세 개 이름과 한자를 답신으로 받았다.

이 이름 세 개를 가족 투표에 부쳤다. 처음에는 시현이 우세를 점하는가 했는데, 점차 작명가가 지어준 두 번째 이름으로 표심이 쏠렸다. 시현이 영문으로 썼을 때 발음하기가 어렵고 (친구들), 여자 이름 같다(친정아버지)는 게 민심이반의 이유였다. 결국 출생신고 마감일에 임박해서 우리 아기 이름은 '유찬'으로 최종 낙점되었다. 생각할 유惟에 정미(밝다, 환하다) 찬粲. 늘 밝고 환한 생각으로 컸으면 하는 마음을 담은 것이다.

처음에는 유찬이라는 이름이 어색하니 마음에 쏙 들지 않았다. 하지만 부르면 부를수록, 들으면 들을수록 착 감겨서, 지금은 아이와 하나가 되어 다른 이름은 떠올릴 수조차 없게 되었다.

첫돌까지, 몸 회복 프로젝트

순진하게도 아기를 낳고 나면 배가 쑥 들어갈 줄 알았다. 이론상 뭔가가 들어 있다 빠져나갔으니, 그 자리는 텅 비는 게 맞다고 생각했다. 하지만 배가 나온 건 태명이 때문만이 아니었다. 열 달 동안 자궁도 붓고 늘어났고, 임신 기간 중 휘몰아쳐 먹은 음식도 지방으로 변해 차곡차곡 쌓여 있었다. 임신 이전으로 돌아가려면 특단의 조치가 필요했다.

가장 확실한 방법은 다이어트였다. 그러나 육아와 모유 수유까지 하는 마당에 식사량을 줄일 수는 없었다. 운동도 마찬가지. 시작하기에 앞서 출산으로 바닥까지 떨어진 체력을 끌어올리는 게 급선무인데, 이게 말처럼 쉽지 않았다.

신생아는 두세 시간마다 한 번씩 젖을 먹어야 한다. 다시 말해, 모유 수유를 하든 하지 않든 산모는 자다가도 두세 시간마다 일어나야 한다. 잠에서 한 번 깨면 곧바로 다시 잠들 수 있는 것도 아니고, 한 번 들었던 잠에서 곧바로 깨는 것도 아니니,

이 시기 산모는 온종일 비몽사몽이다. 손은 또 얼마나 많이 필요한지, 아기를 돌보다 차려놓은 밥상도 제때 못 먹기 일쑤다. 수유 쿠션과 손목 보호대가 있다고는 하나, 아이를 계속 안았다 내려놨다 하는 것도 보통 일이 아니다. 한마디로, 바닥까지 내려간 체력이 도무지 올라올 틈이 없다.

출산 전에는 나도 한 꿈을 꾸었다. 연예인 못지않게 관리해서 주변 사람들을 깜짝 놀라게 하는 꿈. 그러나 출산 후 맞닥뜨린 현실은 관리는커녕 당장 잠잘 시간도 부족했다. 육아 스트레스가 24시간 동안 온통 삶을 지배하는 '멘붕의 시기'에, 3개월 육아휴직을 마치고 직장으로 복귀했다. 몸은 아직 회복이 안 됐고 아기 키우는 것도 손에 안 익었는데, 직장 일에 매달려야 하는 상황이 된 것이다.

집에 오자마자 씻기가 무섭게 유찬이에게 젖 먹이고, 우윳병 삶고, 아기 빨래 돌리고 개고, 나머지 집안일을 하고 나면 어느덧 한밤중이었다. 마지막으로 이튿날 아기가 먹을 젖까지 유축하고 나면, 팔을 들어 올릴 힘조차 남아 있지 않았다. 이 생활을 7개월간 했다. 그때 대체 어떻게 살아남았는지 다시 생각해도 신기하다.

몸도 예전 같지 않은 마당에 살인적인 스케줄을 소화하다 보니, 이 시기에 자존감이 많이 낮아졌다. 아기에게 젖을 물리다가도, 지금 내가 뭐하고 있나, 눈물짓곤 했다. 문득 거울을 보면 눈은 충혈돼 있고, 머리카락은 다 빠지고, 피부는 탄력 없이 푸석했다. 출산 후 1년이 산후우울증이 가장 빈번하게 나타나는 때라는데, 왜인지 알 것 같았다. 산후 '몸 회복 프로젝트'가 단순히 '몸'에만 맞춰져서는 안 되는 이유다.

하지만 우울증에 매몰돼서는 아이에게도, 산모에게도 좋지 않다. 몸매를 되돌리기 위해 노력하든, 지금 상황을 받아들이든, 어떤 식으로든 평정심을 찾아야 한다. 남편을 비롯한 가족들도 산모의 상황을 이해하고 도와야 한다. 공연히 옆에서 살 빼라느니, 애 낳더니 완전 아줌마 다 됐다느니, 여자로 안 보인다느니 등등 부정적인 말을 해서는 절대 안 된다. 사회가 살찐 여성을 어떻게 취급하는지는 여자들이 더 잘 알고 있다. 출산 후 산모들의 조급함, 초조함, 우울감의 상당 부분이 이 같은 편견에서 비롯된다 해도 과언이 아니다. 정 우울감을 떨치기 어렵다면 심리 상담을 받는 것도 하나의 방법이다.

나는 체구가 작은 편이라 살이 쪘어도 겉으로는 그렇게 티가 많이 나지 않았다. 그보다는 보이지 않는 곳이 쑤시고 아파서 애를 먹었다. 그래서 나는 몸 회복 프로젝트의 첫 단계를 컨디션 회복으로 시작했다. 아직 운동을 할 수 없는 몸 상태이기도 하고, 아기를 두고 나갈 수도 없어서, 테라피스트가 장비를 챙겨 들고 직접 집에 오는 '출장 마사지 테라피'를 받았다. 가시적인 효과가 즉각 나타나지는 않지만, 불편감을 경감시키는 데는 아주 좋았다. 비용은 전신마사지 1회에 8만 원 안팎. 결코 싸다고 할 수 없는 금액이라, 출산 전에는 한 번도 받아본 적 없는 서비스였다. 그럼에도 눈 딱 감고 10회를 질렀다. 아기 낳느라 수고한 나를 위해, 이참에 벌어놓은 돈 한번 써보리라 결심했다. 몸 회복 프로젝트를 시작할 때는 각자 자기 상황에 맞는 방법을 찾는 게 중요하다. 돈이 들 수도 있고, 아기한테 미안할 수도 있다. 이 모든 걸 감안해 가치 비중이 높은 쪽을 선택하는 것이다.

그다음에는 가급적 마음을 편하게 갖도록 노력했다. 몸이 안 좋은 상태에서 육아와 일을 동시에 하려니, 나도 우울증까지는 아니어도 스트레스가 극에 달한 적이 있었다. 그러다 문득, 그냥 쉽게 생각하자 마음을 고쳐먹었다. 아기가 걸을 때까지만 참자. 첫돌까지만 기다려보자. 그렇게 시간이 지나가면 나도, 아기도 조금씩 나아지리라. 죽을 것 같은 이 시간 또한 곧 지나가리라……. 이렇게 생각하면서 여유를 가지려고 애썼다. 실제로 돌이 지나니 조금 여유가 생겼다. 미세하나마 몸도 조금씩 가벼워졌다.

옛날에는 유아사망률이 워낙 높아서, 첫돌까지 건강하게 잘 자란 아기를 환영하기 위해 잔치를 벌였다고 한다. 하지만 오늘날 첫돌 잔치는 아기가 아니라 엄마를 위한 무대인 것 같다. 지난 1년간 아기를 위해 오롯이 희생한 엄마를 격려하고 위로하는 무대. '축하해요. 그동안 고생 많았어요' 하고 말이다.

고생 끝에 또 고생?

오랜 시간 공을 들여서 새로운 생명을 만들었다. 그 후 1년 질풍노도의 시간을 지나 어느덧 안정기에 접어들었다. 그래도 임신

때 좋지 않았던 목과 어깨는 계속 아팠다. 가끔씩 골반도 욱신거렸다. 많이 나아졌다고는 하나 아기와 나는 여전히 정신없이 바쁜 나날이었다.

남편과의 대화 주제는 오직 '아기'뿐이고, 경제적인 부담도 커졌다. 예전에는 크게 낭비하지 않는 범위 안에서 여유 있게 써도 저축할 돈이 남았는데, 지금은 아무리 허리띠를 졸라매도 적자를 면치 못한다. 필요한 게 우리 부부의 것이라면 쓰던 물건을 그대로 쓰면 되지만, 아기 것은 사지 않으면 대안이 없다. 카드회사 우수고객으로 등극하는 건 한순간이었다.

'아기 분유 값이라도 벌러 나왔다'라는 말이 괜한 게 아니라는 사실도 절감했다. 분유 값, 기저귀 값으로 빠져나가는 돈이 무시할 수준이 아니었다. 출산 선물로 기저귀 한 상자를 보내준 남편 친구의 센스에 얼마나 탄복했던가. 정말이지 귀인이 따로 없었다.

만약 육아가 이처럼 아프고, 부담스럽고, 힘들고, 버거운 일이기만 하다면 둘째를 낳는 사람은 아무도 없을 것이다. 그러나 상황은 변하고, 그때마다 전에 없는 즐거움과 행복을 경험한다. 아기가 우유를 뗀 지금은 우윳병을 씻을 일이 없어 전보다 스트레스를 훨씬 덜 받는다. 똥기저귀를 차고 어기적어기적 걷는 유찬이의 귀여운 엉덩이를 보노라면 절로 웃음이 난다. 물론 우유 대신 이유식을 준비하고, 돌아다니며 치는 사고를 수습하느라 바쁘지만, 아기가 건강하게 잘 자라는 모습만으로도 마냥 기쁘다.

반짝반짝 빛나는 별 하나가 눈앞에 있다.

결혼 전까지 36년을 최정은으로 살았다. 엄마아빠의 딸, 동생들의 누나, 누구의 친구이기도 했지만 최정은으로 산 시간이 더 많았다. 그런데 결혼을 했더니 이름을 불리는 일이 확 줄어든 대신, 새로운 호칭을 얻게 되었다. 최정은이 아니라 누구누구의 아내, 며느리, 동서, 형님으로 불리기 시작했다. 어색했다. 나 역시 가까운 사람들을 다른 이름으로 불러야 했다. 이를테면 남편. 동갑내기 친구에서 하루아침에 남편이 된 이 남자를 대체 뭐라고 지칭해야 하나. 친정아버지 앞에서 무심결에 이름을 불렀다가 혼난 뒤로, 한동안 남들 앞에서는 호칭 없이 용건만 말했다. '여보'라는 말이 입에 붙기까지 2년이나 걸렸다.

그런데 참으로 신기했다. 유찬이를 낳고서 스스로를 엄마라고 부르는 데는 2주가 채 걸리지 않았다. 다른 사람이 나를 '유찬이 엄마'라고 부르는 일에도 거부감이 없었다. 뱃속에서 열 달 동안 만나서일까, 아니면 아가라는 존재가 특별해서일까.

엄마라는 새 이름은 나를 '자발적 슈퍼우먼'으로 변신시켰다. 새벽에 우는 아이를 달래느라 아무리 잠을 설쳤어도, 늦잠 한 번 자는 일 없이 아침에 발딱발딱 일어난다. 어릴 적부터 아침잠이 많아 고생했었는데 말이다. 제 한 몸 건사하기도 힘들었던 내가 아기를 챙기고, 내 몸 씻을 시간은 없어도 아기 목욕은 꼭꼭 시킨다. 나는 굶는 한이 있어도 아기 이유식은 빼놓지 않고 만들어놓는다. 그 탓에 손은 점점 거칠어지고 몸은 힘들지만, 희한하다. 진짜로 행복하다. 아기가 하루가 다르게 커가는 걸 보면 어지간한 시름은 다 잊힌다.

세상을 바라보는 관점도 바뀌었다. 영화나 드라마를 봐도, 주인공보다는 그를 걱정하며 애태우는 엄마의 간절한 마음에 더 이입이 된다. 텔레비전에 아픈 아이가 나오면 눈물부터 난다. 아이 엄마의 마음이 어떤지, 굳이 말을 안 해도 다 느껴진다. 세상의 모든 아이가 다 내 아이 같아서, 하나하나가 예쁘고 소중해진다.

이런 감정을 갖기 전에는, 머리로만 생각할 때는 아이를 어떻게 낳고 키우나 정말이지 답이 안 나왔다. 결혼은 다 큰 성인들끼리의 합의인 만큼 어지간한 일은 협력해서 해결하면 된다. 상황이 어려워져도 각자 헤쳐나갈 수 있고, 여차하면 무를 수도 있다. 그런데 아이는? 상황이 안 좋다고 물릴 수도, 연습 삼아 한 번 키워볼 수도 없는 존재다. 혼자서 걷지도 못하는 저 연약한 생명체를 온전히 우리 부부가 책임져야 하는 것이다. 헌데 만약 아이가 다 크기도 전에 우리가 경제력을 잃는다면? 먹이고 입히지도 못할 정도로 어려워진다면 대체 어째야 할까. 막연한 두려움이 아니었다. 40대에 첫아이를 낳은 만혼부부로서, 100세 시대를 코앞에 둔 오늘날 우리의 공포는 지극히 현실적이었다.

장고 끝에 임신을 했다. 임산부로서의 삶은 생각만큼 나쁘지 않았다. 힘들고 당황스러운 일이 수두룩했지만, 인생 어차피 닥치면 다 살기 마련 아닌가. 머리로만 생각할 때는 엄두도 안 나던 일들을 하나하나씩 척척 해치워나갔다. 그렇게 출산을 했

고, 엄마가 되었다. 아기를 낳았다고 해서 다 엄마가 되는 건 아니라는 사실을 그제야 깨달았다.

　　40여 년간 살면서 수많은 인간관계를 맺어왔다. 그에 따라 수많은 이름을 얻었지만, 그중에서 '유찬이 엄마'라는 이름이 가장 좋다. 아이와 나를 하나로 묶어주는 이름, 사랑과 헌신과 용기와 지혜가 담긴 이름이기 때문이다. 내가 그의 이름을 불러주었을 때 그가 나에게로 와 꽃이 되었듯이, 엄마라는 이름으로 불리는 순간 나의 삶은 지금까지와 전혀 다른 의미로 재편되었다.

　　치열하게 살아온 당신의 삶을 응원한다. 엄마로서 새롭게 시작될 당신의 삶도.

초판 1쇄 인쇄 2017년(단기 4350년) 1월 12일
초판 1쇄 발행 2017년(단기 4350년) 1월 23일

지은이 | 최정은·이형기
펴낸이 | 심정숙
펴낸곳 | ㈜한문화멀티미디어
등록 | 1990. 11. 28. 제21-209호
주소 | 서울시 강남구 봉은사로 317 논현빌딩 6층(06103)
전화 | 영업부 2016-3500 편집부 2016-3534
홈페이지 | http://www.hanmunhwa.com

편집 | 이미향 강정화 최연실 진정근
디자인 제작 | 이정희 목수정
경영 | 강윤정 권은주
홍보 | 박진양 조애리
영업 | 윤정호 조동희
물류 | 박경수

만든 사람들
책임 편집 | 눈씨noonssi.blog.me   본문 일러스트 | 신은정
디자인 | 섬세한 곰www.bookdesign.xyz
인쇄 | 천일문화사